1. Auflage

Vollständige deutsche Taschenbuchausgabe 10/2022

Kaiserstraße 92, 61169 Friedberg

Gestaltung Bucheinband: Reinemer Media

Bildrechte: Dominik Rinkart (Cover), Inge Kohrmann Fotografie (Portrait)

ISBN: 979- 8353857396

ARNOLD HÄLT NACH

Die 50 besten Beiträge der
berüchtigten Nachhaltigkeitskolumne

ANDREAS ARNOLD

DER AUTOR

Andreas Arnold wurde 1976 im oberhessischen Lich geboren. Seine ersten Gedichte und Kurzgeschichten schrieb er im Alter von 15 Jahren. Ab dem Jahr 2015, mit der Veröffentlichung der beiden Anthologien "Poetry Slam Wetterau - Das Buch" und "Poetry Slam Wetterau - Das zweite Buch", wurden die ersten seiner Texte herausgegeben. Im Jahr 2017 veröffentlichte er mit "Fionrirs Reise" sein erstes Kinderbuch. Bis heute folgten zwei Romane und eine Kurzgeschichtensammlung mit dem jungen Drachen Fionrir. Aktuell arbeitet er an weiteren Hörbuchumsetzungen sowie an einem fünften Roman in der Welt der Drachen.

DAS BUCH

Autor und Poetry Slammer Andreas Arnold gestaltet sein Leben seit dem Jahr 2013 nachhaltig. Es ist ein Dauerexperiment zur ökologischen Selbstoptimierung: Plastikfrei leben, Müllsparen, Minimalismus, vegan essen und in vieles weiteres vertieft (und verläuft) er sich (bisweilen). Von Seifenresten funktionsunfähig gewordenen Geschirrspülmaschinen über ungenießbare Versuche mit selbstgemachter Lupinenmolke bis hin zu ausuferndem Minimalismus, der in teurer Leihe des soeben Aufgegebenen mündet, hat er schon alles durchgemacht. Seine bisherigen Rekorde: ein gelber Sack Plastikmüll pro Jahr und sechs Stück veganen Kuchen zum Frühstück.

Fünf Jahre lang berichtete er monatlich davon über seinen Blog "Plastic Diary". Seit dem Jahr 2017 hat er eine Alternative gefunden: Er veröffentlicht zweiwöchentlich in der Kolumne "Arnold hält nach", die in der Frankfurter Neuen Presse und der Wetterauer Zeitung erscheint. Humorvoll, selbstkritisch, doch ohne erhobenen Zeigefinger, und nahezu, wie man ihn von den Poetry-Slam-Bühnen Deutschlands kennt, schreibt er über CO2-Abdruck, Plastiksparen, Veganismus, kritischen Konsum und Besitz. Die Themen sind ist ernst - Arnold nicht.

VORWORT

Liebe Leser*innen,

wenn Sie dieses Buch in den Händen halten, haben Sie schon alles richtig gemacht. Andreas Arnolds Kolumnen haben mich auf meinem Weg zu einem nachhaltigeren Leben begleitet und bereichert. Er blickt sehr scharfsinnig und mit seinem besonderen Humor hinter die Kulissen. Sie haben da schon mal etwas über den Klimawandel, Plastik fressende Raupen oder den Diesel-Skandal gehört? Er auch! Er nimmt die Falschinformationen und Verschwörungserzählungen gekonnt auseinander und bereitet seine Recherche in einem Text auf, bei dem Sie das Gefühl bekommen, er säße Ihnen gegenüber. Sie brauchen sich aber keine Sorgen machen, dass Sie sich angeklagt oder verurteilt fühlen (außer Sie persönlich sitzen im Vorstand eines Ölkonzerns, dann vielleicht schon). Seine Texte sind frei von einem erhobenen Zeigefinger, liefern Ihnen aber viele Anregungen und Informationen für ihr Allgemeinwissen rund um Nachhaltigkeit. Es gibt kaum etwas, was er noch nicht ausprobiert hat, so kann er sie auch davor bewahren, in die ein oder andere Falle zu tappen. Nach diesem Buch können sie sicher auch behaupten, dass Andreas Arnold sie auf ihrem Weg zur Nachhaltigkeit bereichert hat.

Ich wünsche Ihnen viel Vergnügen beim Lesen.

Svenja Preuster

Youtuberin aka „Fräulein Öko“, Autorin von „Projekt Plastikfrei“ und „Green Camping“

INHALTSVERZEICHNIS

CAR-
TO-
THROW

„Ein Car-to-throw, bitte!", sage ich, als ich in einem Friedberger Autohaus stehe. „Car-to-throw? Sehr wohl!", sagt der freundliche Mitarbeiter, der mir dazu einen Kaffee im Einweg-Becher anbietet. „Danke!", sage ich, kaufe das Auto, fahre damit nachhause und lasse es vom lokalen Schrotthändler unmittelbar nach dem Parken abholen ... Das ist natürlich fiktiv, doch ist es auch undenkbar?

Ich bin Normalverdiener, und ich trinke gerne Kaffee. Möchte ich unterwegs einen Kaffee trinken, ist der übliche Weg der, in eine Bäckerei zu gehen, wo mir der Vollautomat frisch gebrüht jeden Wunsch erfüllt. Unser Bruttojahresgehalt lag letztes Jahr bei 41.000 Euro im Schnitt, während der Becher für meinen Kaffee unterwegs ca. vier Cent kostet, bei einem Coffee-to-go pro Arbeitstag 88 Cent im Monat. Lächerlich? Vielleicht nur eine Frage der Relation.

7,6 Millionen Euro verdiente beispielsweise der Daimler-Chef im letzten Jahr. Sicherlich trinkt er auch unterwegs mal einen Kaffee. Doch was wäre, wenn er mit Autos ebenso umginge, wie mit Kaffeebechern? Er könnte es sich zumindest leisten. Unglaublich? Stimmt! Doch sich zu jedem Geburtstag einen Bajaj Qute zu kaufen - *das ist das günstigste Auto der Welt, sozusagen das automobile Pendant eines Pappbechers* -, um ihn nach dem Parken wegzuwerfen, kostete ihn in Relation ebenso lächerlich wenig wie uns Normalverdiener die Menge monatlicher Einmalbecher. Es gäbe vermutlich einen Aufschrei, würde bekannt, dass er sich regelmäßig ein Car-to-throw gönnte. Selbst unter Mercedes-Fahrern. Natürlich käme kein Top-Manager auf diese Idee, doch, so absurd sie uns allen auch erscheinen mag, relativ gesehen ist sie nicht weniger undenkbar, wie täglich Kaffeebecher wegzuwerfen. Der Aufschrei bei dem astronomischen bundesweiten Verbrauch von Coffee-to-go-Bechern ist derzeit noch leise – *die täglich in Deutschland weggeworfene Becherzahl entspricht übrigens zufälligerweise dem oben genannten Managergehalt in Euro* -, und das, obwohl die ökologischen Kosten pro Becher weit höher liegen als bei 4 Cent. Nicht eingerechnet sind beispielsweise die klimatischen Folgen der CO2-Emissionen bei Herstellung und Entsorgung und die Ressourcenverluste, da die Becher in der Regel im öffentlichen Restmüll landen und verbrannt statt recycelt werden.

Die Kosten sind kaum bezifferbar, doch augenscheinlich sind sie so viel höher, dass es sich ein Topmanager vermutlich sogar leisten könnte, einen Mercedes Benz nach der ersten Fahrt wegzuwerfen. Einen kleinen zumindest. Auch Bioplastik-Recyclingbecher anzubieten, hilft nichts, denn zur Herstellung des Bioplastik der Innenbeschichtung und des Deckels wird Mais verwandt, dessen Anbau weitere Umweltkosten mit sich bringt, beispielsweise durch die zusätzliche Einbringung von Dünge- und Pflanzenschutzmitteln in die Natur und durch den Landraub zur Neugewinnung von Anbauflächen. Ganz davon abgesehen, dass ein Nahrungsmittel für einen Wegwerfartikel mit 15 Minuten Nutzungszeit verschwendet wird. Mit anderen Worten: Ob das Car-to-throw eine Mercedes Benz B-Klasse mit Diesel- oder Wasserstoffantrieb ist, ist dem Schrotthändler egal! Natürlich würde der Daimler-Chef nie einen Mercedes wegwerfen und hoffentlich auch keinen Bajaj Qute. Doch sollte die Fiktion eines Tages Realität werden, habe ich einen Vorschlag: Wir treffen uns in von den Schrottpressen der Welt geretteten Car-to-throws im Autokino und prosten uns mit unseren zuhause zubereiteten Kaffees aus Mehrweg-Edelstahlbechern zu. Prost! Kaffee macht wach!

UNTER
STROM

Nach meinen Hobbies wurde ich einmal gefragt. „Energiesparen“, war meine Antwort, und das war kein Scherz. Es macht mir tatsächlich Spaß, nach immer neuen Optimierungsmöglichkeiten zu suchen. Während der Hobbyschwimmer am Ende seiner Bahn auf die Stoppuhr schaut und vor Freude ins Wasser schlägt, schaue ich am Monatsende auf den Stromzähler und schlage, na ja, um ehrlich zu sein, schlage ich nirgendwo hin, aber ich freue mich nicht weniger, wenn ich meinen Verbrauch erneut reduzieren konnte.

In meinem Wohnzimmer leuchten seit Dezember LED-Lampen mit drei Watt, und zwar nur noch vier anstelle der sechs herkömmlichen 25-Watt-Lampen, die zuvor dort leuchteten und ich natürlich nicht weggeworfen habe. Sie sind noch immer in meinem Kronleuchter, nur eben ausgedreht, und warten gemeinsam mit den LED-Lampen auf die Gelegenheit, den Raum in die Helligkeit einer Supernova zu tauchen. Wer weiß, vielleicht lerne ich einmal eine nette Astronomin oder gar eine Astronautin kennen, die es zu beeindrucken gilt.

Alle anderen Geräte habe ich an Steckerleisten angeschlossen und schalte sie aus, wenn ich sie nicht nutze. Das spart den Bereitschaftsstrom, der in Summe schon mal 50 Euro im Jahr ausmachen kann. Auch permanent in Betrieb befindliche Geräte habe ich ausgeschaltet. Die unvorstellbarste Entwicklung: Ich habe den Stecker des Kühlschranks gezogen. Warum? Unmittelbar vor meiner

Küche habe ich ein Fenster, das zum Balkon führt. Dort steht nun eine Kühlbox, und ich nutze den größten Kühlschrank der Welt. Für März bis Oktober habe ich mir bereits eine stromfreie Alternative geschaffen. Mit zwei unterschiedlich großen Tonkrügen, die mir als überdimensionierter „Sektkühler“ dienen werden. Ich hoffe, es funktioniert. Und wenn nicht? Nun, dann schalte ich den Kühlschrank eben ein halbes Jahr lang wieder an, bis der Spätherbst erneut Kühlschranktemperaturen bietet.

Genauso mache ich es auch mit meinem W-LAN-Router. Nur halt im Tages- und nicht im Jahreslauf. Erst spät habe ich realisiert, dass ich nachts kein Internet benötige. Vielleicht hatte ich unterbewusst die Befürchtung, ich könne mitten in der Nacht aus einem Traum erwachen und müsse lebenswichtig googlen, wer der vierte von Dumas Musketieren ist. D'Artagnan, Portos, Aramis, einer fehlt immer. Aber mal ehrlich, luzid träumen kann ich nicht, und tatsächlich erinnere ich mich ohnehin selten an Träume. Also schalte ich meinen Internetzugang aus, wenn ich schlafen gehe oder niemand im Haus ist.

Andere Geräte habe ich ganz abgeschafft. Zum Beispiel mein Badezimmerradio. Es empfing nur Sender über das Internet, und aus dem Bett aufzustehen und fünf Minuten auf die Verbindung warten zu müssen, dafür fehlt mir in der Früh definitiv die Geduld. Da möchte ich aufs Klo und Mucke hören und nicht nervös auf der Stelle treten und warten, bis mein Router warmgelaufen ist. Stattdessen höre ich nun den hessischen Rundfunk über UKW und nutze dazu das Handy mit per Klinkenkabel angeschlossener Minibox. Ein stromsparendes Paar, das mich morgens nicht weniger glücklich macht. Auf dem Weg vom Bad zum Frühstückstisch wandern Handy, Box und Hr1 einfach mit in die Küche. Beim Essen höre ich Nachrichten und sinniere dabei regelmäßig, wer denn nun der vierte Musketier ist. Ich weiß es immer noch nicht. Das muss ich endlich mal googeln.

FAST GE- SCHAFFT

Nur wenige wissen es, aber das Wort „Fastenzeit" kam zu seinem Namen, als die ersten Asketen nur einen Tag vor Ende der Zeit feststellen mussten, dass sie es fast geschafft hätten durchzuhalten. Aber dann stellte sich dieser Feigenbaum mit seinen süßen Früchten in den Weg. Mein Feigenbaum ist das Regal im Reformhaus, in dem die Schokoladentafeln präsentiert werden. Ich faste dennoch. Aber keine Nahrung. Der Schokolade wegen. Ich faste - *wer hätte es erahnt?* - Plastik. Das mache ich nun schon einige Jahre, und einen Monat keine Ausnahmen zuzulassen, hatte bislang stets dazu geführt, Alternativen zu plastikverpackten Artikeln zu finden. Die Not des selbst auferlegten Verzichts macht eben erfinderisch.

Die Bahai haben ihre Fastenzeit vor acht Tagen beendet, die christliche Fastenzeit endet am 15. April und Ramadan beginnt am 27. Mai. Der erste April, an dem ich zu fasten beginnen werde, ist fast die Mitte - *und in diesem Fall kein Scherz* -, aber vor allem der Tag, an dem meine Teilnahme an „Das Experiment Gelber Sack" startet. Die Initiative war letztes Jahr unter den Finalisten bei der Europäischen Woche der Abfallvermeidung und hat zum Ziel, Menschen anzuregen, über ihr Konsumverhalten nachzudenken. Und zwar nicht nur zwischen Sonnenauf- und -untergang, sondern durchgängig und zwar einen ganzen Monat lang, denn ein Monat ist eine sehr gut gewählte Zeitspanne. Die Lernpsychologie hat herausgefunden, dass sich alles in uns verfestigt, was wir mindestens drei Wochen gemacht haben. Es geht in uns über, und was kann schöner sein, als etwas Sinnvolles zu verinnerlichen. Wir kennen das! Wer drei Wochen lang täglich eine Tafel Schokolade isst, wird sehr wahrscheinlich eineinhalb Kilogramm Körperfett aufgebaut und verinnerlicht haben, dass er oder sie um dieses Regal im Supermarkt einen Bogen machen sollte. Ich beginne also in vier Tagen für einen vollen Monat komplett auf Plastikverpackungen zu verzichten.

„Der Arnold", mag jetzt die eine oder der andere ausrufen, „der lebt doch eh fast plastikfrei!" Recht hätte die- oder derjenige. Das wäre wie auf Fertigessen aus Dosen zu verzichten, obwohl man gar keinen Dosenöffner hat. Und weil das eben zu wenig Fastenbemühung wäre, verzichte ich zusätzlich auf Einweg-Gläser und -Flaschen und versuche meinen Haushaltsmüll ganz allgemein zu reduzieren. Das wird spannend. Bislang hatte ich fast alles, das ich vor Jahren noch von Plastik ummantelt eingekauft hatte, in Glas erwerben können. Das ist kein Verzicht, und ohne Verzicht ist es kein Fasten. Das bedeutet, dass ich vieles selbst machen werde. Die Herausforderung wird sein, mich mit den Konservierungsmethoden meiner Großeltern zu beschäftigen. Zwei Gläser Brotaufstrich wandern wöchentlich in meinen Magen. Nur ein Glas zuzubereiten, stünde in keinem guten Zeit-Nutzen-Verhältnis, und die Ökobilanz möchte ich gar nicht errechnen. Also sollten es ein paar mehr sein, und die wollen haltbar gemacht.

Einwecken klingt gut. Mag jemand mit mir Plastiksparen? Wir wären eine Sparergemeinschaft, und das Beste ist: Bereits mit dem ersten Ersparten gibt es Zinsen, die unmittelbar in die Umwelt investiert sind. Toll, oder? Wer mitmachen möchte, kann gerne Kommentare im Blog hinterlassen. Ich werde im April täglich vom Fasten berichten.

Zum Ende zurück zur Schokolade. Auf der Berger Straße in Frankfurt befindet sich das gramm.genau. Dort soll es Bruchschokolade lose zu kaufen geben. Ich freue mich auf eineinhalb Kilo lehrreiche plastikfreie Fastenerfahrung.

LIEBER
WARM
ALS
STAU

Seit elf Tagen nehme ich an „Das Experiment Gelber Sack“ teil, faste nicht nur Plastikmüll, sondern auch Haushaltsabfall. Bislang bin ich stolz auf das Ergebnis, insbesondere voller Erleichterung. Die Teilnahme bedingt nämlich, seinen anfallenden Müll zu sammeln und regelmäßig zu fotografieren. Ich habe mir dazu eine Ecke meines langen Flurs auserkoren. Dort liegt mein Müllberg, den ich ablichte, sobald etwas Neues dazukommt. Erinnert sich jemand an diesen Film aus den 90ern mit Hugh Grant, in dem er einen Geologen spielt, der einen Hügel aufschütten lässt, damit er zum Berg wird? Derzeit sieht es bei mir nicht so aus, als würde ich den Erfolg mit Herrn Grant teilen. Wenn ich jedoch die Menge Plastikmüll zusammenrechne, die durchschnittlich in unseren Haushalten entsteht, dann wäre es wohl nicht einmal nötig, Herrn Grant Glück bei seinem Unternehmen zu wünschen.

Gut 45 Millionen Tonnen Haushaltsabfälle fallen jährlich in Deutschland an, ca. 12 % bestehen aus Plastikmüll. Tendenz steigend. Dabei können schon kleine Veränderungen erstaunliche Auswirkungen im Großen haben. Nehmen wir die Plastiktüte. Zu rechnen hat mir zwar noch nie Freude bereitet, aber folgendes Beispiel stimmt zumindest hoffnungsvoll. Im Durchschnitt verbraucht jeder von uns 76 Plastiktüten im Jahr. Bei je 20 Gramm sind das allein schon dann, wenn nur ein Drittel aller Haushalte keine Plastiktüten mehr nutzen würde, sondern vorhandene Körbe, Stofftüten oder Kisten, jährlich über

20.000 Tonnen weniger Müll. Das sind 2.000 beladene Müllwagen, die aneinandergereiht einen Stau von Friedberg nach Butzbach erzeugen könnten. „Wer möchte schon gerne im Stau stehen?“, höre ich mich sagen. Gut, schlechtes Beispiel! 50.000 Liter Rohöl würden für die Produktion eingespart. Daraus könnten unter anderem über 12.500 Liter Dieselkraftstoff gewonnen werden. „Wow! Das lohnt sich!“, höre ich mich sagen. Damit kann ich diesen Stau von plastiktütengefüllten Müllautos weit aus der Wetterau rausfahren lassen. Ich höre die Motoren starten, und bei Nieder-Mörlen ist schon wieder Stau. „Huch? Warum das denn?“, denke ich mir. Nun, ein moderner Müllwagen würde es zwar möglicherweise auf 20 Liter Diesel pro 100 Kilometern schaffen, aber leider trifft den Müllwagen das Stop-and-Go durch das permanente Anhalten zur Entleerung neuer Tonnen wirklich hart. Über 110 Liter Dieselkraftstoff kann man auf 100 Kilometern rechnen.

Das ist der Grund, weshalb die Kolonne aus 2.000 Fahrzeugen mit all den eingesparten Plastiktüten selbst mit dem paradoxerweise durch dieselben Plastiktüten eingesparten Dieselkraftstoff nicht einmal die Wetterau verlassen könnte. Warum ist dieses Paradoxon nicht allzu weit hergeholt? Weil es Zusammenhänge verdeutlicht. Wer Plastikmüll einspart, spart nicht nur die Energie für die Herstellung und das Recycling sowie den Rohstoff für die Herstellung an sich, sondern auch immense Mengen an fossilen Brennstoffen für die Abholung. Die Energie des Rohöls, ganz gleich ob als Gas oder raffiniertes Öl, nutze ich doch lieber, um es im Winter warm zu haben. Bei einem jährlichen Durchschnittsverbrauch von 15 Litern Heizöl pro Quadratmeter und einer Wohnungsgröße von 42 Quadratmetern im Ein-Personen-Durchschnittshaushalt komme ich auf 630 Liter pro Jahr. Wenn wir also, wie vorgeschlagen, keine Plastiktüten mehr nutzen, könnte ich meine Wohnung 17 Jahre lang beheizen. Also, bitte! Ist doch für einen guten Zweck. Ich mag es warm.

BIERTRINKEN GEGEN PLASTIK-MÜLL

Am Sonntag endet mein Plastikfasten. Einen Monat lang werde ich dann Kunststoff- und zusätzlich Glasmüll weitestgehend vermieden haben. Auf den Abfall, den ich verantworte, zu achten, hat mir geholfen, viele Dinge umzustellen. Um die Hefeverpackungen für mein wöchentliches Brot einzusparen, habe ich begonnen, mit Sauerteig zu experimentieren, und es funktioniert so gut, dass ich daran festhalten werde. Ich habe gelernt, wie ich einkoche, so dass ich nun keine Brotaufstriche mehr kaufen muss. Ich habe erstmals einen Laden besucht, der unverpackte Waren verkauft - *das gramm.genau in der Frankfurter Berger Straße* -, und plane, dort regelmäßig Großeinkäufe mit Freunden zu machen. Insbesondere Natron, Soda und Zitronensäure bekomme ich dort lose; unverzichtbar, um zuhause müllfrei zu reinigen.

Mein Getreide will ich künftig direkt beim Pappelhof in Beienheim einkaufen, ohne Umverpackung und in eigenen, mitgebrachten Verpackungen. Viele Dinge, die ich vorher vielleicht neu gekauft hätte, habe ich mir über Facebook besorgt, wie zum Beispiel Rankgitter und Tomatenspiralen für den Garten – beispielsweise in der Gruppe „Free your Stuff Wetterau“ werden viele tolle Dinge verschenkt, die zu schade zum Wegwerfen sind.

Manches habe ich vom Sperrmüll gerettet, wie viele meiner Töpfe und Balkonkästen. Einiges habe ich aus Vorhandenem selbst gebaut, anstatt es zu kaufen: Unter anderem mein Gewächshaus. Auf andere Dinge habe ich zu verzichten beschlossen, auf Nahrungsergänzungen für den Sport zum Beispiel. Eiweißpulver und Vergleichbares fallen künftig weg. Lieber trainiere ich intelligenter und plane meine Ernährung besser. Bis heute sind 112 Gramm Plastikmüll angefallen. Hochgerechnet sind das etwas mehr als 1,6 Kilogramm pro Jahr, also ungefähr ein halber gelber Sack. In Deutschland fallen pro Bürger jährlich ca. 70 Kilogramm an. An Einwegglas fielen bisher je eine Flasche Wein, Öl und Essig an. Das sind 1.136 Gramm, hochgerechnet etwas mehr als 16,5 Kilogramm pro Jahr. Knapp 30 Kilogramm Glasmüll fallen im Schnitt jährlich pro Bundesbürger an. Gebe ich damit an? Ein wenig vielleicht, ja. Warum auch nicht? Aber schaffen kann das jeder. Ein Monat Plastikfasten könnte das Mittel zum Erfolg sein. Und auch ich fühle, dass da noch mehr geht!

Natürlich bin ich auch an Grenzen gestoßen. Ich benutze selten Sonnencremes, aber auf langen Spaziergängen halte ich sie im Sommer für unerlässlich, und die werden nur in Plastik angeboten. Zwar gibt es einige Blogger, die von Ölen mit UV-Schutz schreiben, allerdings fand ich keine seriöse Quelle, die einen zweistelligen Wert bestätigen würde. Zudem ist der Preis der Öle ein Vielfaches des Preises einer guten Sonnencreme. Ein teures Risiko also, zu dessen Vermeidung ich gerne etwas Plastik in Kauf nehme.

Auch Vitamin-B12-Tabletten werde ich weiterhin in Plastikdosen kaufen müssen, denn die angereicherten Lebensmittel, wie manche Pflanzenmilch oder Zahnpasta, bringen noch mehr Plastikmüll mit sich als diese eine Dose alle drei Monate, und Alternativen, wie B12 in Algen oder in Bier, stimmen mich skeptisch. Auch wenn ich zugeben muss, dass „Biertrinken gegen Plastikmüll“ ein reizvolles Motto wäre. Mit nur drei Litern Bier pro Tag könnte ich meinen B12-Haushalt decken. Ein weiterer Vorteil: Ich wäre vermutlich nicht mehr in der Lage überhaupt einkaufen zu gehen und Müll zu verursachen. Win-Win. Vielleicht kombiniere ich. Prost!

MACH
DICH
MAL
SAUBER,
MANN!

Das sagte ich zum Glück zu mir selbst. Ich musste von niemandem hören: „Ach, der riecht immer ein Bisschen! Ist ja so ein Öko!“. Immerhin steckt in meinem selbstgemachten Deo wohlriechendes Kokosfett. Olfaktorisch nimmt man mich daher eher wie eine riesige Kokosmakrone wahr und weniger so, dass man sich zu einem solchen Satz hingerissen fühlte. Als ich es so dahin sagte, ging es mir tatsächlich eher um innere Hygiene, darum all die Routinen, die ich im Laufe der Jahre angesammelt habe, dahingehend zu überprüfen, ob ich meine Zeit nicht sinnvoller verbringen kann. Minimalismus ist nicht nur das bewusste Reduzieren von Besitz und die Etablierung eines kritischen Konsums, es ist vor allem der Wunsch durch Vereinfachung und durch den Ausbruch aus dem Hamsterrad der Routine mehr bewusst erlebte, bereichernde Lebenszeit zu gewinnen. Bevor ich zu meinem eigenen Hamsterrad komme, muss ich anmerken, dass ich eine hohe Affinität zu Microsofts Excel habe, und von lückenlos geführten Grafiken ein erotischer Reiz für mich ausgeht.

Es verwundert also nicht, dass ich eine seit neun Jahren geführte Tabelle habe, in der ich mein sonntäglich gemessenes Körpergewicht und meinen Körperfettgehalt aufzeichne. Das ergibt einen tollen Graphen. Hoch und runter geht er zwischen 80 und 100 Kilo. Hui, wie prickelnd! Warum mache ich das eigentlich nochmal? Nach einigem Grübeln: Im Jahr 2008 hatte ich wieder mit Muskelaufbautraining begonnen. Die Tabelle diente der

Überprüfung, ob ich mit Training und Ernährung auf dem richtigen Weg bin. 2011 hatte ich meine Ziele geändert und wollte Langstreckenläufer werden. Inzwischen geht es mir mit Calisthenics um Kraft statt Masse. Die Tabelle ist also längst nicht mehr nötig. Ich führe sie dennoch. Und weshalb? Uns allen wohnt vermutlich ein Bedürfnis nach Kontinuität und Harmonie inne. Zumindest für mich war es schwer, diese Jahre lang lückenlos geführte Aufzeichnung enden zu lassen. Also führte ich sie weiter, ohne dass es den eigentlichen Grund noch gab. Letzte Woche habe ich mich überwunden: Die Tabelle wird nicht mehr weitergeführt. Meine Waage und mein Körperfettmessgerät habe ich sicherheitshalber verschenkt. Es hat lange gebraucht, das festzustellen, aber ich brauche kein Messgerät, das mir sagt, ob ich gesund bin. Das fühle ich. Ich brauche auch keine Waage, die mir sagt, ob ich mich innerhalb oder außerhalb der Norm befinde. Da reicht ein Spiegel, und ob ich an dem, was der Spiegel mir zeigt, etwas ändern sollte, das beantworten mir am besten Menschen, denen ich am Herzen liege.

„Man sieht nur mit dem Herzen gut. Das Wesentliche ist für die Augen unsichtbar“, schrieb Antoine de Saint-Exupéry in „Der kleine Prinz“, und damit hat er sehr recht. Lieber mehr Zeit mit Freunden verbringen, für die ich gut bin, so wie ich bin, als mit dem Befüllen von Exceltabellen mit Messwerten, die mir sagen, wie weit ich vom optimalen BMI, HWR, FFMI oder Normgewicht entfernt bin. Das ist es, was ich mit innerer Hygiene meine. Ich bin froh über diesen Schritt. Gelöscht habe ich die Tabelle noch nicht. Das wäre zu emotional, aber solch unsinnige Aufzeichnungen habe ich zum Glück nicht ohnehin nicht mehr. Jedenfalls wenn man von der Tabelle mit den monatlichen Kontoständen seit 2008 absieht, von der mit dem Verbrauch meines Autos seit 2010, der mit den Laufstrecken, Zeiten und Pulswerten seit 2011, der mit meinem monatlichen Stromverbrauch seit 2013, der mit meiner Kraftentwicklung seit 2015 ... ich bin ein Hamster!

IM PLASTIK IST DER WURM DRINNEN

Demletzt war es in fast überall zu lesen: Eine kleine gefräßige Raupe frisst Plastik. Es sind die Larven der Großen Wachsmotte. „Die Entdeckung“, sagten die Wissenschaftler, „könnte ein wichtiges Mittel sein, um Polyethylen-Plastikmüll in Deponien und Ozeanen loszuwerden.“ Da fragt sich der geneigte Leser natürlich, ob wir künftig ein Raupenproblem haben werden. Vielleicht titeln die Medien in einigen Jahren: „Plastikstrudel in den Weltmeeren abgebaut - Wer rettet unsere Plastikboote vor den Raupen“ oder „Wieder ein Boot während der Überfahrt gefressen - Gibt uns unser Plastik zurück, Merkel!“ Natürlich wird die Kanzlerin, so sie denn im September an der Macht bleiben darf, wahrscheinlich nichts zur Entwicklung beigetragen haben, doch das hält ja auch heute schon niemand von einem abfälligen „Danke, Merkel!“ ab.

Vermutlich werden die News zukünftig, wie auch heute, nicht auf ihren Wahrheitsgehalt überprüft werden - immerhin bestehen Boote für gewöhnlich nicht aus Polyethylen -, aber dennoch: Danke, Merkel! Die Frage, die sich im Kern stellt, ist natürlich, ob Wachsmotten schwimmen können und, falls sie es nicht können, aus welchem Material die Schwimmwesten sein werden, um sie aufs Meer und zum Plastikmüll zu bringen, ohne dass sie vorher absaufen. Ich hoffe nicht aus Kunststoff. Um den Fragenkern herum wickelt sich noch eine ganz andere Frage: Fressen sie es, weil es lecker ist oder nur weil sie nichts anderes haben. Im Experiment fütterten die

Wissenschaftler sie ausschließlich damit. Zur Not frisst die Raupe Plastik, der Teufel Fliegen und selbst der Veganer, wenn er auf einer einsamen Insel leben muss, auf der es weder einen Veganz-Supermarkt, noch mit Gemüse- oder Obstpflanzen bestückte fruchtbare Böden, sondern nur einen Speer zur Fischjagd gibt, eben Seetang. Was ist aber, wenn die Raupen in Massen - nach Schwimmkursen oder eben in Mini-Schwimmwesten aus Kork gekleidet – auf dem Meer ausgesetzt werden und sie dann feststellen: „Oh, Freiheit! Endlich kein blödes Plastik mehr! Lasst uns Honig essen!“, denn das ist die natürliche Nahrung der possierlichen kleinen Tierchen. Nun mag die eine oder der andere in Umweltthemen Interessierte beruhigt abwinken und sagen, dass aufgrund des Bienensterbens bis dahin ohnehin nichts mehr da ist, was die Raupen fressen können.

Aber wer sagt denn, dass sie dann den Veganern nicht den Agavendicksaft wegmümmeln? Alternativ könnten die Larven von Anglern eingefangen werden, denn immerhin werden sie normalerweise als Fischköder gezüchtet. Doch was wollen die Angler mit den Ködern denn fangen, wenn die Larven gar nicht im Meer fressen waren? Plastikfische? 100 Raupen fraßen im Experiment binnen zwölf Stunden 92 Milligramm Plastik. 80 Millionen Tonnen Polyethylen werden jährlich weltweit produziert. Wenn ich mich nicht verrechnet habe, dann braucht es 119 Billionen Raupen, um die Jahresproduktion zu fressen. Haben wir im Zweifelsfall so viele Angler?

Natürlich kann man das Enzym, das das Plastik zersetzt, auch aus den Raupen extrahieren und sich dadurch sowohl die Ausbildung von Raupenschwimmlehrern als auch die Förderung von Angelsportvereinen aus Steuergeldern ersparen, doch ist das Plastik auch wirklich weg? Oder nur so weit zersetzt, dass wir es nicht mehr sehen? Ich weiß es nicht. Es muss noch geforscht werden. Bis dahin können wir uns ja bemühen, zukünftig keine 80 Millionen Tonnen mehr jährlich produzieren zu müssen. Und vielleicht schaffen es auch die Bienen. Danke, Merkel!!!1!

NICHT VISCH, NICHT VLEISCH!

„Was ich ja überhaupt nicht verstehe, ist, warum ihr Veganer Fleisch nachbilden müsst!“, sagte kürzlich jemand auf einer Geburtstagsfeier, als er erfuhr, dass extra für mich eine pflanzliche Alternative gekauft wurde. Ich gab meine Standardantwort: „Warum nicht?“ Es brauchte vier Jahre, bis ich dieses Glanzstück an Rhetorik entwickelt hatte. Früher versuchte ich, tatsächliche Argumente anzubringen: Das Festhaltenwollen an Gewohntem, dass ich ja nicht Form oder Geschmack von Fleisch ablehne, dass auch ein Fleischklößchen nicht rund ist, weil es aus Fleisch ist, sondern schlichtweg deshalb, weil es die einfachste Form ist, in die man eine Masse, ganz gleich ob fleischlich oder pflanzlich, nun einmal bringen kann, oder dass ein Hamburger-Patty nun einmal kreisförmig und flach sein muss, weil es sonst halt nicht in ein Softbrötchen passt. Man stelle sich nur vor, Pattys seien pyramidenförmig. Tomate und Gurke würden herunterpurzeln, die Soße wie Lava an einem Vulkan herunterfließen und die Spitze durchbohrte grundsätzlich das Oberteil des Hamburger-Buns. Wenig erstrebenswert!

Weder für Omnivore, noch für Herbivore! Es dauerte lang, bis ich den Grund solcher Fragen erkannt habe. Für viele sind Veganer so suspekt wie Baumumarmer - diese Menschen, die sich im Wald zärtlich an den Stamm einer großen Eiche kuscheln. Im Gegensatz zu Veganern fragt die Baumkuschler jedoch niemand, warum sie einen Menschen mit einer Eiche nachbilden. Für viele mag das eichenartig klingen, aber es gibt leider kein Schnitzelbäumchen oder einen Hähnchenschenkelstrauch. Beim Gang in den Supermarkt springen uns jedoch all diese Fleischersatzprodukte ins Auge, und man denkt sich: „Der Veganer isst den ganzen Tag Veggi-Schnitzel, Seitan-Thunfisch und nagt an Soja-Hähnchenschenkeln am Knochen aus Holz. Wäre er doch nur so ein Baumumarmer! Die schnitzen ja auch keine Gesichter in die Bäume!" Vorweg: Fleischersatz ist völlig in Ordnung. Er hilft Menschen auf Fleisch zu verzichten, ohne auf den Geschmack verzichten zu müssen. Das ist ein wenig wie alkoholfreies Bier. Das macht Trinken und Autofahren wieder zu Freunden, und der designierte Fahrer muss seinen Freunden abends nicht mehr traurig bei Mineralwasser zuschauen, wie sie lecker frisch gezapftes Pilsener genießen. Doch ist vegane Ernährung ebenso wenig durch das vegane Fleischersatzprodukt definiert wie italienische Küche durch die Packung Mirácoli oder das Grillen durch fertig marinierte Rippchen vom Discounter.

Der ambitionierte Griller von heute mariniert Spare Ribs selbst, lässt sie stundenlang im Buchenrauch vor sich hin schmurgeln, bis ihr Fleisch fast von selbst vom Knochen rutscht. Der Liebhaber italienischer Küche füllt Saltimbocca mit echtem Parma-Schinken und mit Salbei aus dem eigenen Garten; er weiß: Pasta ist nur eine Vorspeise. Und der Veganer? Nun, der macht sich einen Strudel aus Polenta, füllt ihn mit herzhaftem Lauchgemüse und serviert ihn an Möhren-Süßkartoffelpüree zu einem Sößchen aus roter Beete. Gut, eine Gemüsepfanne mit Bohnen tuts auch. Wichtig ist nur: Fertigprodukte können das Leben zwar vereinfachen, aber ebenso wenig wie der Otto-Normal-Verzehrer auf sie angewiesen ist, machen sie die vegane Ernährung aus. In den USA, den Meistern des Convenience Foods, gibt es mit dem Impossible Burger übrigens einen pflanzlichen Patty, der vom tierischen Original nicht mehr zu unterscheiden ist. Vielleicht sagt eines Tages mal jemand: „Ich verstehe, warum ihr Fleisch nachbildet. Weil's geht!"

DIE ERDE UND DER ÖKO-WITZ

Man könnte fast meinen, wir lebten in reaktionären Zeiten: Erst Trumps Abkehr vom Klimaabkommen, dann streicht Dänemark die Subventionen für Elektroautos, und jetzt darf Sojabutter und Lupinenjoghurt nicht mehr Butter und Joghurt heißen. Ich warte jeden Moment darauf, dass die klassische Haartracht des Ökos gesetzlich verboten wird und nur noch kurze Männerschnitte erlaubt sind. Da fällt mir folgender Witz ein: Was hinterlässt ein Reaktionär seinen Enkeln? Einen Wüstenplaneten und einen Öko-Witz. Wie zum Beispiel diesen hier:

Treffen sich zwei Planeten. Sagt der eine: „Du siehst ja schlecht aus!“ Erwidert der andere: „Mir geht es auch nicht gut. Ich habe Homo sapiens.“ „Ach,“ tröstet der erste, „mach dir nichts draus. Das geht schnell vorbei.“

Der Witz hat, ganzheitlich betrachtet, etwas Tröstliches, denn wenn wir uns erst einmal einen so lebensfeindlichen Planeten geschaffen haben, dass es uns vom Angesicht der Erde getilgt hat, dann wird es für den Fortbestand des Planeten kaum eine Wirkung haben. Er wird weiterbestehen. Vermutlich auch als Ökosystem. Er wird ein paar Millionen Jahre ein Wüstenplanet bleiben, aber dann werden die Ameisen und Kakerlaken, die uns voraussichtlich überlebt haben werden, ihre Chance bekommen. Ein Planet voller intelligentem Leben: Menschengroße Ameisen und Kakerlaken, die in für Mehrarmer geschaffenen Automobilen fahren, die trotz des fehlenden Supports der dänischen Ameisen Elektromotoren haben werden. Kakerlaken, die Milch, aus baumgroßen Löwenzahnpflanzen gewonnen, genießen und sie im Laden einfach unter dem Namen Löwenzahnmilch kaufen können, weil eben jede noch so frisch aus dem Ei geschlüpfte Kakerlake weiß: Wenn Löwenzahn darauf steht, dann ist die Milch eben nicht die von der Blattlauskolonie in Übersee, sondern von der Löwenzahnplantage um die Ecke. Seit 4,6 Milliarden Jahren besteht die Erde, vor sechs Millionen Jahren begann sich der Mensch auf der Erde breit zu machen und erst vor gut 300 Jahren, mit dem Beginn der Industrialisierung, als die Weltbevölkerung zu explodieren begann und die Umweltzerstörung spürbar wurde, bemerkte der Planet ein Jucken.

Millionen Jahre hört sich viel an? Die Inkubationszeit mit Homo sapiens entspricht, die voraussichtliche Lebenszeit des Planeten auf ein Menschenleben umgerechnet, in etwa der von Mumps. Da macht man dicke Backen, wenn man das hört, was? Richtig erschreckend ist allerdings, dass es für die Erde eineinhalb Minuten nach dem ersten Jucken wieder vorbei sein wird mit den Homo-sapiens-Symptomen. Die Erde schüttelt sich mal kurz und das war's. Drei Wochen später spürt sie dann schon die Ameisen und Kakerlaken, denn ungeachtet der Insektenutopie bin ich mir sicher, dass auch dieses Zeitalter eine Trumpmeise oder Trumperlake emporbringen wird.

Auch wird es einen Insektenstaat geben, der die Entwicklung eines vollständig schadstofffreien Fortbewegungsmittels bremsen wird. Und es wird eine Initiative geben, die diesen missionierenden Löwenzahnmilchsäufern den pflanzlichen Zahn zu ziehen versucht. Aber das wird das Problem des Formicidae habilis und des Periplaneta sapiens sein. Ich persönlich hänge an meinem Planeten mehr als der Planet an mir. Von daher werde ich ungeachtet dessen weiter Menschen lächelnd die Porzellantasse reichen, wenn sie nach dem Pappbecher greifen, und gerne meine Stofftüte verschenken, wenn jemand nach der Plastiktüte langt. Und morgen gehe ich zum Friseur. „Aber nur Spitzen schneiden, bitte!" Nicht, dass ich noch verwechselt werde.

DEN LÖFFEL ABGE-BEN

Wenn ich mal den Löffel abgebe, also diesen letzten Plastikkochlöffel, den ich noch in meiner Schublade habe, wird der neue einer aus Holz sein, und weil ich immer wieder mal gefragt werde, ob es nicht sinnvoller ist, in Plastik zu kaufen – immerhin ist so ein Löffel ja eine Anschaffung auf Jahre, günstiger im Einkauf, benötigt relativ wenig Energie zur Produktion, und es muss kein Baum dafür abgeholzt werden –, habe ich mir tiefgreifende Gedanken dazu gemacht. So ein Plastiklöffel wird aus Erdöl hergestellt. In Erdöl ist Kohlenstoff gebunden. Irgendwann wird er doch auf den Müll kommen, und mit einer Wahrscheinlichkeit von ca. 50 % nicht rohstofflich recycelt werden – das ist die ungefähre Verwertungsquote des grünen Punkts -, sondern thermisch, also zur Energiegewinnung. Dabei wird Kohlendioxyd (CO2) frei, bekanntermaßen ein Klimagas. Holz setzt bei der Verbrennung etwa die gleiche Menge CO2 frei, wie es bei seinem Wachstum dank Photosynthese gespeichert hat. Insofern ist der Holzlöffel klimaneutral, wenn er aus nachhaltigem Anbau stammt, sprich: wenn nur so viel abgeholzt wird, wie auch nachwächst. Der Holzlöffel hat damit gewonnen!

Das wirft natürlich weitere Fragen auf. Zum Beispiel, wie viele Holzlöffel es braucht, damit man selbst klimaneutral wird. Jährlich atmet ein Mensch 350 Kilogramm CO2 aus. Sagen wir mal, der Löffel ist aus Buche. Eine 35 Meter hohe und 120 Jahre alte Buche hat im Laufe ihres Lebens etwa 3,5 Tonnen CO2 gebunden, das sind 29 Kilo pro Jahr. Pro Mensch braucht es also 12 Buchen, um die eigene Atemluft zu binden. Zum Glück haben wir gut 35 Milliarden Bäume in Deutschland. Also können wir uns doch einen Plastiklöffel erlauben? Leider nein! Wir atmen nämlich nicht nur CO2 aus - das sind nur 3 % unserer persönlichen Produktion - wir setzen es hauptsächlich durch unseren Lebenswandel frei. Insgesamt sind es 850 Millionen Tonnen in Deutschland, also zehn pro Bundesbürger. 40 % verursachen wir über die Energiewirtschaft, 15 % über den Verkehr und nochmal 10 % über unsere Haushalte. Tatsächlich braucht es also nicht zwölf, sondern 344 Buchen pro Bundesbürger. Rechnerisch würde die Waldfläche immer noch reichen. Unsere Wälder sind jedoch – zum Glück – keine Monokulturen. Es sind auch deutlich bindeschwächere Bäume darunter, derentwegen unsere Wälder insgesamt nur 222 Millionen Tonnen CO2 im Jahr umsetzen.

Wir müssten unsere Waldfläche demnach vervierfachen, um unserer Verantwortung den Klimawandel betreffend gerecht zu werden. Das schaffen wir nicht. Meine Dachterrasse ist nicht groß genug, um 344 Buchen aufzunehmen, und viele Menschen haben nicht einmal eine Terrasse. Es gibt also nur zwei Möglichkeiten. Wir müssen einerseits unseren CO2-Ausstoß reduzieren und energiezehrende Geräte einsparen: Braucht es wirklich elektrische Rollladenheber und Garagentore? Muss ein Gerät Stand-by-Strom verbrauchen, das ich nicht nutze? Muss der WLAN-Router nachts, und wenn niemand im Haus ist, angeschaltet sein. Muss ich das Auto nutzen, wenn ich mein Ziel auch zu Fuß erreiche? Und die zweite Möglichkeit ist, mehr Gegenstände aus nachhaltiger lokaler Holzwirtschaft zu nutzen: Kein Haus aus Stein bauen, keine Gartenhütte aus Metall kaufen, und eben auch keine Holzlöffel aus Plastik. Um die Eingangsfrage nicht unbeantwortet zu lassen: 16,3 Millionen Holzlöffel binden den jährlichen CO2-Ausstoß eines deutschen Bundesbürgers. Die Küchenschublade möchte ich gerne sehen.

YOBO – YOU ONLY BUY ONCE

„Ich kaufe mir billige Sachen, dann kann ich mir mehrfach im Jahr was leisten!“ Mich erschrecken solche Aussagen etwas. Ich habe mir gestern nach acht Jahren die erste neue Hose gekauft. Die alte war zweimal unauffällig geflickt worden - also nicht mit Comic-Motiv-Flicken, wie in meiner Kindheit, sondern mittels Stoffresten, die von innen unter die fadenscheinigen Stellen genäht wurden. Ein drittes Mal nachzubessern, wäre in Anbetracht der vielen weiteren dem Durchscheinen nahen Stellen und Angesichts der Tatsache, dass sie mir am Morgen vor dem Neukauf mitten in der S-Bahn gerissen war, weil ich es gewagt hatte, meine Beine zu überschlagen, nicht mehr wirtschaftlich. Sie war ihr Geld wert.

Nicht nur, weil ich acht Jahre lang eine Hose getragen hatte, sondern auch des Unterhaltungswertes für die Menschen in meiner Umgebung wegen. Es ist schön zu sehen, wie schnell sich ein Lächeln in die Gesichter Mitreisender zaubert, wenn eine Hose an einer möglichst ungünstigen Stelle reißt. Doch wer billig kauft, dem reißt's zweimal. Das ist zwar doppelt so unterhaltsam, aber auch doppelt so viel Ressourcenverschwendung. Ich hatte mal über 100 Shirts: Welche von Junggesellenabschieden, von Konzerten und solche, auf denen steht, dass ich vegan lebe, was praktisch ist, denn das muss ich es nicht jedem erzählen. Heute – nach vier Gängen zum Roten Kreuz – sind es noch 30, Tendenz sinkend. „Aber die Mode ändert sich doch!“, folgt dann zumeist, wenn ich so ein Acht-Jahre-Beispiel aufführe. Natürlich ändert sich die Mode. Die Frage ist doch, wie ich darauf reagiere. Wenn die Farbe des Jahres grün ist, sollte ich mir doch zunächst einmal die Frage stellen, wer das festlegt und ob ich demjenigen die Hoheit verleihen möchte, darüber zu bestimmen, welche Farben ich trage. Fest legt das der Handel, und der will, dass ich konsumiere. Nicht weil mir grün so toll steht, sondern weil er nach 30 Jahren zeitloser Blue-Jeans neue Bedarfe wecken will. Möchte ich das?

Möchte ich, dass der Handel darüber bestimmt, was schön und was zeitgemäß ist? Ich persönlich mag Herr meiner selbst bleiben. Wenn alle grün tragen, dann sind wir entweder alle Förster geworden – *grün, grün, grün sind alle meine Kleider* – oder wir haben die Kontrolle über unser Leben verloren. Nächstes Jahr ist vielleicht Aprikot die Farbe des Jahres. Blöd, dass Aprikot und Grün zusammen ausschauen, als trüge man Tarnkleidung für das Bällebad bei IKEA. Es gibt Kleidungsstücke, die zeitlos sind. Zum Beispiel die Blue-Jeans. Die gibt es auch im Handel, und ich finde es gut, dass der Handel sie anbietet. Der Handel meint es ja auch nur gut. Mit sich und auch mit uns. Mode ändert sich. Ja! Ich bin dankbar, dass es keine Rüschenhemden mehr gibt, und Schlaghosen waren auch irgendwie merkwürdig. Doch ein wenig darauf zu achten, wie langlebig Kleidung ist, das muss man doch hinbekommen. 500 Millionen T-Shirts werden allein in Deutschland jährlich produziert. Bei 85 Millionen

Bundesbürgern braucht es weder einen Taschenrechner, noch besonders ausgeprägte Neuronenschaltungen im Gehirn, um festzustellen, dass in unserem Konsumverhalten etwas nicht stimmt. Man braucht eine Weile, bis es Klick macht. Das stimmt! Aber irgendwann stellt man beim Verräumen des dritten grünen T-Shirts in seinen Kleiderschrank fest, dass da schon zwei grüne sind, und vier rote, fünf weiße, neun schwarze, sowie sechs in Aprikot, weil das vor acht Jahren schon einmal Farbe des Jahres war. Dann zählt man die Zahl seiner Oberkörper … Klick!

UNSER LIEBS-TES KIND

Vor kurzem las ich, dass der Verband der Automobilindustrie den Zulassungsstopp für Verbrennungsmotoren ab 2030 ablehne. Natürlich hat der Verbandschef bereits eine Idee: Hocheffiziente Verbrenner könnten künftig auf Basis regenerativ hergestellter und CO2-neutraler Kraftstoffe betrieben werden. Ich bin mir sicher, dass VW und Daimler bereits die passende Software haben, um die Klimaneutralität nachzuweisen, und sich auch schon mit BMW abgesprochen haben. Mal ehrlich, wir wollen doch hintergangen werden! Da betrügen die größten deutschen Automobilhersteller Staat und Kundschaft, indem sie die Schadstoffwerte manipulieren, und wir haben nichts Besseres zu tun, als zu sagen: „Ui, die haben die Diesel-Modelle manipuliert. Ach, dann kaufe ich mir halt einen Benziner!"

VW hat kürzlich seine europäischen Halbjahreszahlen vorgelegt. Ein Einbruch der Zahlen? Denkste! 40.000 Fahrzeuge haben sie in diesem Halbjahr mehr verkauft als im ersten Halbjahr 2016. Das ist wie an der Autobahnraststätte einen Teppich angeboten zu bekommen, ihn als gefälschten Perser zu entlarven, dann aber die «Golduhr» zu kaufen. Es ist doch nicht das Dieselfahrzeug, das uns betrogen hat - es ist der Hersteller. Derselbe, dessen Benziner wir gerade gekauft haben. Derselbe, dessen Verbandsvertreter jetzt Werbung dafür macht, darauf zu vertrauen, dass wir bis 2030 umweltfreundliche Verbrennungsaggregate haben werden. Gas-Verbrenner werden vom Verband exemplarisch aufgeführt. Im Jahr 2016 kam eine Studie der «Bloomberg New Energy Finance» zum Ergebnis, dass Wind- und Solarenergie in den 2030er Jahren deutlich günstiger sein werden als fossil gewonnene. Es wird kein "goldenes Zeitalter" für Erdgas geben. Und jetzt, ein Jahr später, bieten sie uns genau das an.

Merkwürdig, wie unterschiedlich die Prognosen doch trotz «Peak Oil» und «Peak Gas» sein können. Morgen findet der «Diesel-Gipfel» statt, zu dem die Bundesregierung mit der Autobranche Maßnahmen für einen geringeren Schadstoffausstoß festlegen will. Von den Herstellern würden Angaben dazu erwartet, welche Modelle mit einer neuen Software optimiert werden könnten. Was genau soll da optimiert werden? Der Schadstoffausstoß oder die Werte? Wie bereits geschrieben: Wir wollen betrogen werden! Da kann man auch einen bekannten Kunstfälscher zum Gutachter über die von ihm zum Verkauf angebotenen Gemälde machen. Das Auto ist des Deutschen liebstes Kind. Da drückt man schon mal ein Auge zu. 3,4 Millionen Neuwagen werden 2017 prognostisch zugelassen werden. 1,3 Millionen Führerscheine werden jährlich in Deutschland ausgestellt. Jeder Führerscheinneuling bekommt also rechnerisch zu seinem 18. Geburtstag 2,6 Autos geschenkt. Stimmt nicht, sagen Sie? Na und! Die Schadstoffwerte der 2,6 Autos stimmen ja auch nicht. Da wollen wir jetzt aber nicht kleinlich werden! Ich war letzte Woche mit der S-Bahn in Frankfurt. Wir nahmen zu zweit eine Tageskarte für fünf Personen, weil sie günstiger war als zwei Einzelfahrkarten hin und zurück. Fast 30 Euro, um in die Metropole zu gelangen. Das treibt einem schon Tränen in die Augen. Vor allem, wenn man bedenkt, dass man für weniger als ein Drittel der Kosten das Auto nehmen kann.

Vielleicht wäre es für die Bundesregierung sinnvoller, den ÖPNV so zu subventionieren, so dass sich weder die Fahrt mit einem noch die Anschaffung eines neuen PKW lohnen würde, anstatt mit der Automobilindustrie um Schadstoffwerte zu schachern. Die Bahn betrügt uns zwar auch, aber da geht immerhin nur um die Abfahrtzeiten.

GRILL-GUT AN ERDÖL-KOMPO-SITION

„Ich möchte danach keine hundert Teller waschen!", höre ich. „Das würde ja auch bei 20 Gästen keinen Sinn machen", sage ich. Wir befinden uns mitten in der Grillsaison, und natürlich darf die Diskussion über das Plastikeinweggedeck nicht fehlen. Mein Gastgeber startet sie: „Warum hast du deinen eigenen Teller mit? Wir haben doch welche!" „Weil sich mein Porzellan einsam fühlt, wenn ich nicht zuhause bin, und warum nutzt du Einweggeschirr?" Die Diskussion geht mit einer Aussage, wie der eingangs aufgeführten, weiter. Dabei wird das Entscheidende übersehen. Wer sagt denn, dass der Gastgeber einer Grillfete, von der alle profitieren, die Verantwortung für alles alleine tragen muss? An meinem letzten Geburtstag bat ich meine Gäste, ihr eigenes Besteck, ihre eigenen Teller und auch ihre eigenen Gläser mitzubringen.

Ich habe Gedecke für sechs Menschen. Das reicht, um Gäste spontan bewirten zu können. Oftmals befinden sich jedoch Gedecke in einer Größenordnung in den Haushalten, mit denen man den Schwarzmeer-Don-Kosaken-Chor bewirten könnte, ohne in Probleme zu geraten, falls der Ivan-Rebroff-Fanclub überraschend auch noch auftauchen sollte. Verwirrenderweise reicht das dennoch nicht aus, um eine Grillfeier auszustatten. Außerdem möchte man ja keine hundert Teller zum Grillplatz schleppen. Wir zerren ja schon zehn Kilo Fleisch zur Glut. Kaum auszudenken, müsste man dann auch noch vier Kilogramm an Tellern dorthin hieven. „Da bist du aber eine Ausnahme", bekomme ich gesagt. „Nein, an meinem Geburtstag hat vom Mittzwanziger bis zum

Ü70er jeder meiner Gäste seinen eigenen Teller mitgebracht, und weder waren das alles Ökos noch ausnahmslos Menschen, die sich weitreichende Gedanken über unsere Umwelt machen", sage ich. Man muss den Weg nur zeigen, damit er gegangen wird. Es ist ja auch logisch nachvollziehbar, dass vermeidbar Müll zu produzieren, irgendwie nicht sehr clever ist, und clever wollen wir doch alle sein. Anderenorts habe ich dann folgende Diskussion: „Ja, ich weiß, es gibt auch Öko-Einweg-Teller, aber die sind teurer!" „Nein!", sage ich. „Plastikteller sind deutlich teurer. Wir selbst zahlen lediglich die geringste Rate des Gesamtpreises an den Handel. Unsere Nachfahren zahlen die deutlich höheren Raten über die Folgen des Klimawandels."

Es ist ein wenig wie mit dem Rauchen: Ich rauche heute, und den Krebs bekomme ich in 50 Jahren. Ich lasse heute unnötig Plastikteller aus Erdöl produzieren, die nach wenigen Minuten auf dem Müll landen, und ein paar Generationen später fragt ein Enkel aus ferner Zukunft, während er mit seinen Eltern bei einem typischen Friedberger Sommertag von 45° Celsius im kühlen Keller sitzt, ob sie ihm nicht nochmal dieses Eisbären-Hologramm zeigen können. Die echten Bären gibt es dann nämlich nicht mehr, denn das arktische Eis wird geschmolzen sein. Zugegeben, es hat natürlich auch Vorteile, denn meine Ur-Nachfahren werden es nicht mehr so weit bis zum Meer haben. Das beginnt ja dann kurz hinter Duisburg! „Tut mir leid, wir haben unsere heutige Energie-Ration schon aufgebraucht. Morgen gibt's wieder einen virtuellen Zoo-Besuch!", werden Mutti und Vati dann sagen, und auf das Warum antworten: „Bedank dich bei deinen Vorfahren, die seit den 1950ern so taten, als gäbe es keine Welt von morgen. Du erinnerst dich an deinen Urahn, der immer Grillfleisch auf Plastikeinwegtellern serviert hat? Genau der war‘s!“ Rechnerisch ist jeder mitgebrachte Teller ein Eisbär für den Ur-Enkel. Und zwar ein echter. Auf Eis! Noch Fragen?

ÖKO-
LOGI-
SCHE
AUS-
TERITÄT

Anfang des Monats hörte ich im Radio von einem Rückruf. Im Nasi Goreng von Netto wurden Plastikteile gefunden. Einige Zeit zuvor war es das „Schlemmerfilet Champignon". Ich musste schmunzeln. Natürlich, weiß ich, dass es sich dabei aller Wahrscheinlichkeit nach um Teile aus der Produktion handelt, aber die Garnelen in der Reispfanne und der Fisch im Backofengericht enthalten doch ohnehin schon Plastik. Plastikmüll gelangt ins Meer, wird dort durch Umwelteinflüsse zerkleinert, bis er aussieht wie etwas, von dem man als Meeresbewohner satt werden könnte, und gerät so in deren Mägen und Därme. Die erwartete Radiomeldung wäre doch eher: „In der Charge mit der Nummer 123456 wurde kein Plastik gefunden. Greifen Sie zu, solange der Vorrat reicht!"

In zahlreichen Seefischsorten, Garnelen, Austern, Krebsen und sogar pflanzenfressenden Seeschnecken wurde bereits Mikroplastik gefunden. Forscher des „Französischen Forschungsinstituts für die Nutzung der Meere" in Nantes stellten im letzten Jahr im Versuch fest, dass weibliche Austern, die Mikroplastik ausgesetzt waren, 38% weniger Eier produzierten und die Spermien der männlichen Exemplare um 23% langsamer waren. Ha! Hier haben wir die Erklärung für unsere steigende Geburtenrate. Die Rate ist seit dem Jahr 2011 von 1,39 Kindern pro Frau auf 1,5 gestiegen, weil unser Pro-Kopf-Fischkonsum in Deutschland im gleichen Zeitraum von 15,4 auf 13,9 Kilogramm pro Kopf gesunken ist. Echt? Ach, wen kümmern Kausalitäten in Zeiten von „Fake-News“, wenn es Korrelationen gibt? Spaß beiseite! Es wurde zum Glück noch kein Mikroplastik im Muskelfleisch, also im verzehrbaren Anteil von Fischen gefunden. Auch ist nicht gesichert, wie sich Mikroplastik überhaupt gesundheitlich im Menschen auswirkt. Fest steht jedoch, dass Mikroplastik Umweltgifte, wie Dioxine und andere Chlorverbindungen, aus dem Meer an sich bindet. Auch diese geraten unter anderem dadurch in die Speisefische und damit leider auch ins Muskelfleisch und auf unsere Teller.

Je größer der Raubfisch, desto höher die Konzentration. Vom Verzehr von Thunfisch und Heilbutt wird Risikogruppen schon seit Jahren abgeraten. Also weniger Fisch und alles ist gut? Leider nein! Funde von Mikroplastik in Honig, Milch, Trinkwasser, Bier und Softdrinks zeigen das Dilemma auf. Unsere Klärwerke sind technisch kaum in der Lage, Mikroplastik effektiv auszufiltern. Die technischen Möglichkeiten gibt es, jedoch wäre die Filterung in Anbetracht unseres Wassergebrauchs zu geld- und zeitintensiv. Immerhin fließen Pro-Kopf in Deutschland gut 120 Liter Wasser durch den Hahn. Also bleibt leider nur übrig, einerseits darauf zu hoffen, dass unser genetischer Abstand zu den Austern groß genug ist, und andererseits dafür zu sorgen, dass der von uns mitverantwortete Anteil am Plastikeintrag in die Gewässer möglichst sinkt: Bannen von Kosmetika mit Mikroplastik, Reduktion von synthetischer Kleidung, denn bei jedem Waschvorgang –

ganz massiv bei Fleece – lösen sich Plastikfasern ins Abwasser, und zuletzt Vermeidung von unnötigen Plastikverpackungen insgesamt. Angenommen wir stoppten in dieser Sekunde weltweit den Plastikeintrag in die Meere, dann wäre der dort schon vorhandene Kunststoff bereits für unsere Enkel in 16. Generation nicht mehr sichtbar. Zwar baut es sich nicht vollständig ab, aber das ist dann wohl das Problem der Austernliebhaber im Jahr 2467.

NOCH
WAS SÜ-
ßES FÜR
UNTER-
WEGS?

Ich gestehe: Ich liebe es, mehrmals täglich zu frühstücken. Brote zuhause, unterwegs ein Stück Kuchen, vielleicht zwei, und dann später einen Obstteller - für die nötige Energie, um die noch folgenden Genusspausen im Büro nachzuarbeiten. Ich treffe die unterschiedlichsten Menschen: Solche, die sich ihr Brötchen verpackt geben lassen, um es dann im Café sitzend zu verzehren, jene, die sich einen einzelnen Apfel in der Obsttüte kaufen, um dann eine Minute später an der Bushaltestelle hineinzubeißen, und letztlich allzu oft auch Menschen, die ihren Coffee-to-go im Café-to-stay trinken. Ich suche gerne das Gespräch. Der Herr, der regelmäßig am Nachbartisch sein Brötchen aus der Papiertüte verzehrt, schaute mich lächelnd an und sagt, er nutze sie zuhause für seinen Kompost. Die Dame mit dem Pappbecher sagt, sie schaffe den Kaffee hier nur halb zu trinken, müsse dann aber ihre U-Bahn bekommen, bis sie lächelt und von ihrem vergessenen Mehrwegbecher zuhause spricht. Der Geschäftsmann im Anzug, der gerade vom Entsorgen seines Hemdchenbeutels zum Wartehäuschen zurückkehrt, sagt, dass er da gar nicht darüber nachgedacht hat. Irgendwie sei das anerzogen, meint er, und ich glaube, er hat Recht.

Wir müssen uns alle umerziehen, bevor es die Natur macht, und damit hat sie leider schon begonnen. Ein Grad Celsius beträgt die menschgemachte Erderwärmung bereits – ganz gleich, was Herr Trump darüber denkt. Wäre es nicht schön, wenn wir nicht nur Einkaufspreise vergleichen könnten, sondern auch den Preis, den die nachfolgenden Generationen für unser Kaufverhalten zahlen? Ich sehe immer wieder Menschen, die mit mehreren Wurstpackungen jonglierend Fettwerte vergleichen. Wäre es nicht schön, wenn neben „Ist das gut für mich?" auch „Ist es gut für die Welt meiner Nachkommen?" auf der Verpackung beantwortet würde? Was ist besser für die Umwelt? Der plastikverpackte Schnittkäse, die in Wachspapier geschlagene Wurst vom Metzger oder die unverpackten Jumbo-Erdnüsse aus Israel? Ich weiß es nicht! Ein Umwelt-Siegel analog der Nährwertangaben könnte da helfen.

Bereits im Jahr 2007 ergab die SEMPORA-Studie, dass die Einführung eines unabhängigen CO2-Siegels von den Konsumenten als sehr wichtig empfunden wird. 81% der Befragten gaben an, dass sie beim Kauf CO2-reduzierte Produkte vorziehen würden. Seitdem ist nicht viel passiert. Es gibt nur ein einziges unabhängiges Siegel, das „Stop Climate Change"-Umweltzeichen. Von einer gesetzlichen Verpflichtung sind wir jedoch weit entfernt. Weshalb? Ein Zuviel an Fett und Salz für meine Gesundheit kann ich von Gesetz wegen mit einem Blick auf das Etikett identifizieren. Warum kein Zuviel an Kohlendioxyd für die unserer Enkelinnen und Enkel? Industrieverbände, wie der Bundesverband der Deutschen Süßwarenindustrie, lehnen entgegen dem Willen der Verbraucher ein gesetzliches Label ab. Sind ja schon gestraft genug, die Nährstoffangaben aufdrucken zu müssen. Immerhin können sie dadurch mit „0%-Fett“ auf Gummibärchenpackungen angeben - da lässt man die fette Salami schon mal im Regal liegen. Aber, liebe Bündnis 90/Die Grünen, 51 Prozent eurer potentiellen Wähler, die im Diskontmarkt Billigfleisch kaufen, sind gegen Massentierhaltung, heißt es in einer Studie der Rheingold-Marktforschung aus dem Jahr 2015, und ihr wollt ein Label zur Kennzeichnung von Industriefleisch einführen. Das ist schön! Wenn 81 Prozent ein CO2-Label wünschen, wäre es nicht noch schöner, auch das in euer Wahlprogramm aufzunehmen. Na? Wählerauftrag angekommen, Frau Roth?

WI(E)D
ER DIE
NATUR!

Was war das für eine Schlacht! Ein Kampf Gut gegen Böse, Fleisch gegen Fisch, Fisch gegen Fahrrad. Selten hatten wir eine Bundestagswahl, die Sozial- und Umweltthemen so stark in den Fokus gerückt hatte. Gerade eine Partei tat sich stark hervor: Die Naturpartei Deutschlands (NPD). Wir sahen von ihnen Plakate mit fliegenden Teppichen, darauf zahlreiche Menschen, die sich kaum auf ihm halten konnten. Der Teppich, hier symbolisch für eines der zahlreichen Produkte, die wir in der sogenannten dritten Welt auf dem Rücken derer Bevölkerung produzieren lassen, schwankt massiv auf diesem Bild – eine Versinnbildlichung des nahenden Endes des Kapitalismus, ganz im Sinne von Marx und Engels. Auf dem überladenen Teppich sehen wir zahlreiche Arbeiterinnen und Arbeiter, ausgebeutet von der Geldgier der Großkonzerne und der Konsumwut der Verbraucher. Ein gelungenes Plakat, das soziale Missstände nicht verschleiert, sondern schonungslos aufdeckt, was sich in den warmen Herzen der Wählerinnen und Wähler unausgesprochen festkrallt.

Auf einem anderen Plakat ein Schlauchboot, nicht minder voll mit Menschen. Hier zeigt die aufstrebende Umweltpartei auf, wie die Überfischung und Verschmutzung der Meere die Fischer in den armen Ländern der Erde um ihre Existenz bringt. Über dem Plakat prangt der Slogan „Wir lassen die Luft raus“, eine klare Kampfansage an den ausbeuterischen und menschenverachtenden Globalismus, dem Sie den Atem nehmen wollen. Ein weiteres Plakat prangert die „Nationale Vereinigung für Langwaffenintegration", engl. National Association for Rifle Integration (NAFRI), stellvertretend für die gesamte Jagdgesellschaft, an. Die Naturpartei Deutschlands stellt sich damit nicht nur gegen die Jagd an sich, sondern sich mit einer Vehemenz, wie es sonst nur die V-Partei leistet, gegen eine auf Fleischverzehr ausgelegte Ernährung. Eine blonde Tierschutz-Aktivistin ist auf dem Plakat zu sehen, die durch ihre einhaltgebietende Gestik geradezu an die junge Rosa Luxemburg erinnert.

Ein weiteres Plakat geht noch tiefer: Ein junges Mädchen, von der Sonne stark geblendet, ist dort mit der Überschrift „Ich will nicht (aus-) sterben" abgebildet. Ganz im Sinne Frau von Storchs, der klimapolitischen Führerin einer weiteren Umweltpartei (Allianz für Diversität), die im Interview kürzlich, ganz in der Bildsprache dieses gelungenen Plakates, der Sonne die Schuld an der Klimaerwärmung gab. Die Naturpartei Deutschlands warnt, wie gewohnt ganz ohne unangebrachten Alarmismus, vor dem größten Artensterben, dass die Welt seit der Perm-Trias-Wende erlebt hat. Im Gegensatz zur programmatischen Schwesterpartei stellt die Naturpartei Deutschlands jedoch ausweislich der abgebildeten Protagonistin die Menschheit in den Mittelpunkt der Verantwortlichkeit und verweist durch das kindliche Alter der Abgebildeten zudem auf die notwendige generationenübergreifende Handlungsnotwendigkeit – die Klimaerwärmung als

Kernproblem von vitalem Interesse der Folgegenerationen. Enttäuscht waren die engagierten Umweltaktivisten über das niedrige Wahlergebnis am Sonntag und das Scheitern an der Fünfprozenthürde. Natürlich beglückwünschten sie Bündnis 90 / Die Grünen für den Einzug in den Bundestag. Bleibt nur zu hoffen, dass sie Politik ganz im Sinne der Gescheiterten betreiben.

PS Dieser Artikel kann Spuren von Ironie enthalten, ohne die das Wahlergebnis kaum auszuhalten wäre. Zu Risiken und Nebenwirkungen fragen Sie ihren Wahlhelfer oder Bundestagsabgeordneten. Wird man ja noch schreiben dürfen!

¡AY, AY, AY, NO ME GUSTA!

Das sagt der Bienenmann in der Zeichentrickserie "The Simpsons", und ich muss ihm zustimmen. Ich weiß zwar nicht, ob es dasselbe ist, was ihm nicht gefällt, aber wenn ich Ziel und Wirkung des Bepflanzens meiner Dachterrasse vergleiche, kann ich nur zum selben Ergebnis kommen wie er. Ich hatte mir eine *Schmetterlingswiese*-Saat-Mischung geholt, zwei wundervolle Lavendel hatte ich in Töpfen zu herrlicher Pracht gebracht. Ich saß den gesamten Sommer in einem Meer unzähliger bunter Blüten und wartete. Ich warte und warte, las noch einmal auf der Rückseite der Saatgut-Verpackung: „Schmetterlingswiese". Ich hatte mich nicht verlesen. Mein Blick schwenkte unzählige Male zum Lavendel. Bald wurde ich auch mit ihm skeptisch und prüfte im Gartenbuch nach. Ja, auch da stand: „Zieht Schmetterlinge und Bienen an". Vielleicht, dachte ich mir, ist der Weg zu weit. Immerhin wohne ich ja mitten in Friedberg. Bestimmt sind die Schmetterlinge und Bienen Berufspendler. Wer kann sich denn als Arbeiterbiene überhaupt noch bezahlbaren und angemessenen Wohnraum in der Stadt leisten!, dachte ich mir. Bestimmt wohnen die am Ortsrand, und ein Pendeln zwischen dort und hier ist unwirtschaftlich. Immerhin wollen die ja auch mal Feierabend haben und zuhause die neuen Folgen der *Biene Maya* schauen.

Also habe ich ein Insektenhotel angebracht. Mietfrei sogar! Ich möchte mich ja nicht an ihnen bereichern, und eine Gentrifizierung möchte ich tunlichst vermeiden. Das passiert anderenorts oft genug. Ich wartete erneut. Dann kamen sie. Schwarz-Gelb gestreift ließen sie sich zu Hauf auf dem Lavendel nieder: Wespen! Ich schaute wieder in mein Gartenbuch. „Lavendel hält Wespen fern", steht da. Ich hielt die betreffende Seite den Wespen entgegen. Eine sah ich mit den Schultern zucken. Ein paar Hummeln flogen vorbei, nickten mir zu und schienen sich gestisch für die ungebildeten Wespen zu entschuldigen, bevor auch sie sich über die Blüten hermachten. Von Schmetterlingen und Bienen war weiter nichts zu sehen. „Jetzt komm schon, Willi!", wünschte ich mir, Biene Maya sprechen zu hören. Der Sommer ist jetzt endgültig zu Ende. Statt der Bienen wohnen Wespen im Hotel. Immerhin! Warum das so ist, steht leider fest.

Eine Forschergruppe am Zentrum für Ökologie und Hydrologie im britischen Wallingford hat bereits im letzten Jahr den Zusammenhang zwischen Neonikontinoiden, also einem Pestizid, und dem Wildbienensterben festgestellt. Dass es inzwischen so weit gekommen ist, fiel mir erst diesen Sommer richtig auf. Irgendwie sehne ich mich sogar der Zeiten zurück, als die Windschutzscheibe meines Autos ein Insektenfriedhof war. Immerhin bedeutete das, dass es welche in der Luft gegeben hatte. Geplagt von Visionen – *meinem Enkel werde ich erklären müssen, was eine Biene ist, nie wird er morgens mit Vogelgezwitscher erwachen können, denn ein Großteil der Populationen wird schlichtweg nicht mehr genug Nahrung finden, und als Erwachsener wird er den Beruf des Blütenbestäubers annehmen müssen* – suche ich nach Biene-Maja-Folgen im Internet und esse dabei ein Bio-Marmeladenbrot. Mehr aus ökologischem Landbau zu essen, ist der einzige Weg für uns. Ja, es ist etwas teurer. Viel teurer wird es jedoch für unsere noch ungeborenen Nachkommen, wenn wir es nicht tun. „In einem unbekannten Land...“, beginnt Karel Gott währenddessen zu trällern. Ich hoffe nicht, denke ich, und ein Schmetterling auf dem Weg zum Winterquartier fliegt an meinem Wohnzimmerfenster vorbei. Nicht die Bienen, die Hoffnung stirbt zuletzt.

WASCH-
MITTEL-
LA-
SAGNE

Amylase, Lipase, Protease, Tetraacetylethylendiamin, Natriumsilikat, Natriumaluminiumsilikat, Natriumcarbonat, Polycarboxylate, Polyvinylpyrrolidon, Tenside. Die eine oder der andere mag sich jetzt sicher sein, dass es sich um Zutaten eines Fertiggerichts des unteren Qualitäts- und Preissegments handelt, auf dem für gewöhnlich Hinweise zu lesen sind wie: „Achtung! Kann Spuren von landwirtschaftlichen Erzeugnissen enthalten. Verwechselungen mit natürlichen Nahrungsmitteln sind rein zufällig!", doch weit gefehlt.

Tatsächlich sind es die üblichen Inhaltsstoffe von Waschmitteln: Enzyme, um Nahrungsmittelreste aus der Wäsche lösen, Bleichmittelaktivatoren, Reinigungskraftverstärker, Wasserenthärter, Vergrauungs- und Verfärbungsinhibitoren, Weichmacher, Desinfektions- und Konservierungsmittel. Hört sich an, als hätten die Ägypter damit einst Pharaonen haltbar gemacht. Nicht alles davon ist daher auch unbedenklich. Manches ist toxisch, anderes biologisch nicht abbaubar. Rund 700.000 Tonnen Waschmittel verbrauchen wir jährlich in der Republik. Waschmittel, das nach der Wäsche im Abwasser landet und teils über die Kläranlagen in den Klärschlamm gelangt. Der wiederum landet auf unseren Äckern, da er auch eine ganze Reihe wertvoller Pflanzennährstoffe enthält, insbesondere das immer knapper werdende Phosphor, was die Verwendung als Dünger durchaus sinnvoll macht. Andererseits enthält er eben auch anorganische Anteile, beispielsweise nicht abbaubare Tenside und Polymere aus Waschmitteln, die so ebenfalls auf die Felder und in die Pflanzen gelangen. Es ist also leider nicht ganz abwegig, die oben genannten Stoffe auf der Zutatenliste von Nahrungsmitteln zu finden. Müssen all die Stoffe sein? Vermutlich schon. Das Waschmittel soll ja alles sauber bekommen. Also sind Fettlöser enthalten, auch wenn ich nicht einen Spritzer auf dem Hemd habe, Wasserenthärter, selbst wenn der PH-Wert des Wassers in Ordnung ist, und so viele Tenside, dass selbst die dreckigste Wäsche sauber wird. Niedriger zu dosieren, mag eine Lösung sein. Eine andere, es vielleicht mit einer ökologischen Alternative zu versuchen.

Vom Verzicht auf Waschmittel rate ich übrigens an dieser Stelle ab. Den Versuch hatte ich schon. Das ist ein wenig wie Suppe mit einer Gabel zu essen. Es sieht aus, als äße man, es wird aber niemand satt. Alternativen gibt es tatsächlich: Efeu und Rosskastanien. Kein Spaß! Das funktioniert. Einfach drei Rosskastanien aufsammeln, zerkleinern, ein paar Stunden in Wasser einweichen und das gefilterte Wasser als Flüssigwaschmittel nutzen. Gleiches gilt für Efeu. Zwei Handvoll zerkleinern und mit heißem Wasser übergießen. Nach ein paar Stunden kann man auch jenes abgeseihte Wasser zur Reinigung normal verschmutzter Wäsche in der Maschine nutzen. Wer sich überzeugen will: Auf meinem Blog habe ich meine weißen Socken fotografiert. Ein beweiskräftiges Vorher-

/Nachherfoto, das keine Fragen offen lässt. Die zwei Papiertüten Kastanien, die ich am Straßenrand gesammelt habe, reichen wohl bis zum nächsten Herbst, und, falls nicht, bleibt mir das Efeu. Sollte ich tatsächlich dann doch einmal Blutanhaftungen auf dem Hemd haben, weil ich beispielsweise bei der Efeu-Ernte von der Leiter gefallen bin, kann ich ja ausnahmsweise auf ein protease-haltiges Waschmittel zurückgreifen. Bis dahin habe ich jede Menge Klärschlamm nicht belastet, muss meine Waschmittelreste nicht essen, habe einen Haufen Umverpackung eingespart, und auch der Pharao bleibt noch ein paar Jahre länger frisch.

WELT-
RET-
TUNG IM
WARMEN

„Muss nur noch kurz die Welt retten, danach flieg ich zu dir. Noch 148 Mails checken", singt Tim Bendzko in seinem Hit aus dem Jahr 2011. Zugegeben, das Fliegen ist nicht so gut als Mittel zur Klimarettung gelitten, aber immerhin hat das emissionslastigste unserer Fortbewegungsmittel einen eindeutigen Stempelabdruck. Auf dem steht zwar „Klimakiller", aber zumindest weiß ich dadurch auch einzuschätzen, dass mit dem Flieger nach Berlin zu kommen zwar schneller geht, es aber für die Umwelt der Tod auf Raten ist, und ich weiß damit auch, dass die Ökobilanz von Bahnfahrten und noch besser von Fernbusreisen deutlich günstiger ist. Doch ich schweife ab, noch bevor ich zum Thema gekommen bin: Weltrettung durch Mailverkehr! Ja, so einfach kann es sein. Ich muss mich nicht auf den Asphalt vor dem Haus meines Nachbarn legen, um zu verhindern, dass er mit seinem kraftstoffhungrigen SUV zum Bäcker um die Ecke fährt statt zu Fuß zu gehen. Ich kann denselben Effekt auch von zuhause aus erreichen, ohne auf dem kalten Teer frieren zu müssen. Einfach indem ich so weitermache wie bisher - nur eben Kleinigkeiten umstelle.

Das kann zum Beispiel die richtige Emailproviderwahl sein. Immerhin gibt es Anbieter, die ihren Strom gänzlich aus regenerativen Quellen beziehen. Die Bedeutung sollte nicht unterschätzt werden, denn allein der Spam-Mailverkehr in Deutschland verbraucht schätzungsweise genauso viel Energie und damit Kohlendioxyd (CO2) wie die über 80.000 Einwohner von Berlin-Wedding zusammen. Bevor sich jetzt jemand aufmacht, um nach einem solchen Anbieter zu googeln: Eine Suchabfrage kostet 200 Milligramm des Treibhausgases. Mit dieser Menge kann der Nachbar schon fast vom Hof fahren. Auch für die Internetsuche gibt es ökologische Alternativen. Es gibt Anbieter, die ihre Serverfarmen ohne Kohlenstrom betreiben oder sogar solche, die einen Großteil ihrer Werbeeinnahmen zum Pflanzen von Bäumen und damit zum Binden von CO2 aus der Atmosphäre einsetzen. Ich weiß, es ist ein Dilemma: Wie sollen Sie nach diesen Suchmaschinen suchen, ohne Google zu nutzen? Keine Sorge, ich habe vorgedacht und einige ökologische Alternativen namentlich in meinem Blog aufgelistet und verlinkt.

Dafür sind sie dankbar und wollen mir etwas überweisen? Muss nicht sein, aber es ist eine tolle Überleitung zum nächsten Punkt. Wechseln Sie doch ihr Bankkonto! Auch da gibt es Institute, die eben nicht in ökologisch fragwürdige Projekte investieren, sondern in sozialverträgliche und nachhaltige. Stellen Sie sich vor, solche Geldverleiher hätten größere Anteile. Dann hätte ihr Nachbar jetzt keinen Porsche, um sich zu profilieren, sondern schon so ein hippes, schickes Elektroauto mit einem dann auch ökologisch vertretbaren Energiespeicher, entwicklungsfinanziert von ihrer ethisch-ökologisch wirtschaftenden Bank, und sie müssten nicht im kühlen

Herbst auf der nassen Straße liegen, um die Welt zu retten. Sie wollen dennoch nach Berlin „zu ihr“ fliegen? Dann denken Sie daran, dass Ihre Reise 165 Kilogramm CO2 verbraucht - den Versand von umgerechnet 2,2 Millionen Emails müssten sie zum Ausgleich einsparen. Da hilft es vermutlich auch nicht, wenn die alternative Suchmaschine einen Baum gepflanzt hat, als sie auf der Suche nach der ökologischsten Fluggesellschaft waren. Für all jene, die lieber vor SUVs liegen als über sie hinwegzufliegen, ist es jedoch eine gute Sache zu wissen, mit wie wenigen kleinen Veränderungen bereits ökologischer gelebt werden kann: Mailing, Searching, Banking, Wedding!

TAUSCHE FERNSEHER GEGEN ACKER-LAND

„Guten Abend!“, wünsche ich, als ich mit einem Verlängerungskabel durch das Wohnzimmer meines Nachbarn gehe, seinen alten Röhrenfernseher vom Netz trenne und es an seiner Steckdose anschließe - meine sind leider alle belegt. Natürlich zahle ich gerne für den Strom – er ist nämlich bei keinem lokalen Anbieter, sondern bei einem dieser günstigen aus dem Internet. Währenddessen sitzt er mit kritischem Blick auf seiner Couch und schweigt. Klingt komisch? Würde ich auch sagen. Etwas Ähnliches passiert im Agrarsektor.

Im Jahr 2010 lag die Menge an Land, die wir allein für unseren Konsum von landwirtschaftlichen Produkten und Dienstleistungen in Anspruch nahmen, laut einer Veröffentlichung der *Friends of the Earth Europe* vom Juli 2016 bei 269 Millionen Hektar – das sind 43 Prozent mehr landwirtschaftliche Flächen, als in der EU selbst zur Verfügung stehen. Der Pro-Kopf Fußabdruck der EU für Ackerland liegt im globalen Mittelfeld bei 0,31 Hektar, was bedeutend mehr ist als der globale Durchschnitt pro Kopf von 0,22 Hektar, der jedoch durch den unverhältnismäßig großen Verbrauch der meisten Industrieländer stark nach oben beeinflusst ist. Die Folgen sind Entwaldung, Bodendegenerierung, Artensterben, Wasserknappheit, Klimawandel und von sozialer Natur. Gerade in Afrika sind die Auswirkungen immens. Immerhin bauen wir dafür dort Brunnen. Das ist ein wenig wie meinem Nachbarn zwar die Steckdose für seinen Fernseher wegzunehmen, ihm aber dafür einen neuen hinzustellen.

„Was will ich damit ohne Strom?“, fragt er dann, und meine Antwort ist: „Sei dankbar! Der ist nagelneu. Aber gut, hier hast du noch eine Fernsehzeitung.“ Die eine oder der andere mag jetzt sagen, dass er froh sein solle, immerhin habe er was lesen, und er könne den neuen Fernseher ja auch an einer anderen Steckdose betreiben. Leider ist der Fernseher ein ausländisches Fabrikat mit einem nicht kompatiblen Stecker. Bleibt ihm also die Fernsehzeitung, in der all die Sendungen verzeichnet sind, die er verpasst. Wäre es nicht besser, ein paar weniger Geräte zu nutzen? Immerhin stehen in den deutschen Haushalten nach einer Studie des GfK-Consumerpanels aus dem Jahr 2012 2,2 Fernseher. Ähnlich ist das mit unseren Agrarflächen. Dreiviertel unserer EU-eigenen Agrarflächen nutzen wir für die Produktion tierischer Erzeugnisse. Das spiegelt sich auch in unserem Flächenverbrauch außerhalb der EU wider: Fast drei Viertel des agrarischen Land-Fußabdrucks der EU werden durch den Konsum von tierischen Produkten verursacht. Wenn wir es etwas vereinfachen, könnte eine naheliegende Lösung sein, die ärztlich empfohlene Höchstmenge von 15 Kilogramm pro Jahr an Fleisch zu konsumieren statt des derzeit knapp vierfachen dessen. Die EU könnte ihre Landwirtschaft dann unabhängig von externen Landflächen betreiben, diese Landflächen stünden wieder für die Ernährung der dortigen Bevölkerung zur Verfügung und unsere Bauern hätten wieder mehr Absatz, wären unabhängiger von Subventionen.

Natürlich wären die inländischen Erzeugnisse etwas teurer, aber dafür konsumierten wir einen höheren Anteil Nahrungsmittel, die grundsätzlich günstiger sind als Fleisch. Und letztlich sparten wir ja auch Geld, da wir nur noch einen Fernseher hätten. Gut, ich vermische die Aussage mit meinem Gleichnis, und vielleicht mag die Rechnung so vereinfacht sein, dass man „Milchmädchenrechnung“ rufen mag, doch denkt daran: Wenn wir unseren tierischen Konsum erst reduziert haben, geht auch die Milchmädchenrechnung zu Dreiviertel auf.

SO
ISSER,
DER
ARNOLD!

Ich persönlich kann nachvollziehen, warum Herr MdB Schmidt der Verlängerung der Glyphosat-Zulassung zugestimmt hat. Diese Gesundheitsapostel mit ihrem ständigen „Krebserregend“. Es ist ja nur „wahrscheinlich“ krebserregend, wie Diesel-Abgase zum Beispiel, und die verbieten wir ja auch nicht, mag er gedacht haben. Was bringt es, „Glüfosoat“, wie man es in seiner Heimat gerne ausspricht, zu verbieten, wenn doch die Bauern bereits mit ihren Dieseltraktoren dafür sorgen, dass die Ernte „wahrscheinlich“ karzinogen ist. Natürlich gibt es Zwischenrufe, dass auch der Landwirt auf seinem Traktor geschädigt würde, wenn er das Pestizid versprüht. Aber in der Gruppe 2A der wahrscheinlich krebserregenden Stoffe der Internationalen Agentur für Krebsforschung (I-ARC) sind auch Acrylamid, das unter anderem beim Frittieren entsteht, und rotes Fleisch. Was schmeckt, kann doch nicht töten, hat seine Entscheidung als Leitsatz sicher auch beeinflusst. Wenn seine geschätzten Agrararbeiter nach einem anstrengenden Tag voll Versprühens von Krebserregern – wahrscheinlich – ohnehin ein Rindersteak mit ausgebackenen Kartoffelstäbchen verzehren, warum also ein Nein zu Monsanto? In ihrer Mahlzeit ist zudem ohnehin wahrscheinlich krebserregendes Trimethylsulfonium-Kation zu finden, das sich bei der Verwendung von Glyphosat bildet.

Im Spargel wurde es bereits im Jahr 2011 nachgewiesen, und das ist bei diesem Gemüse doppelt tragisch. Spargelstecher arbeiten im Schichtdienst, und selbiger ist ebenfalls in der IARC-Liste als wahrscheinlich krebserregend verzeichnet. Eine der Voraussetzungen, um einen Ministerposten zu bekleiden, ist es, rechnen zu können. Wahrscheinlich krebserregend plus wahrscheinlich krebserregend ergibt nicht doppelt wahrscheinlich krebserregend, und es bedeutet schon gar nicht, dass es plötzlich tatsächlich krebserregend ist. Das belegen allein die vielen „Letters to the Editor", die sein Ministerium zur Risikobewertung von Glyphosat herangezogen hatte, und deren Autoren müssen es wissen. Immerhin waren 10 der 14 Autoren dieser Einreichungen Mitarbeiter von Monsanto oder aus dem Umfeld, wie die Süddeutsche Zeitung vor zwei Jahren berichtet hatte. Wer könnte besser wissen, ob das Produkt, dem man sein wirtschaftliches Wachstum verdient, krebserregend ist oder nicht?

Zugegeben, man könnte die Zulassung auch auslaufen lassen und mehr in ökologische Landwirtschaft investieren. Im letzten Jahr betrug die in Deutschland so bewirtschaftete Fläche 1,25 Millionen Hektar, was 7,5 % der landwirtschaftlichen Fläche insgesamt entspricht. In Österreich sind es 19,5%. Daran hätte sich Herr Schmidt ein Beispiel nehmen können. Auch Dieselfahrzeuge auf den Äckern hätte man durch staatliche Förderung alternativer Antriebe reduzieren können. Im März 2016 hatte John Deere beispielsweise einen vollelektrischen Traktor vorgestellt. Auch könnte man mehr in gesundheitliche

Aufklärung investieren, so dass sich die Ernährungsgewohnheiten in deutlich weniger wahrscheinlich krebserregende Richtungen entwickeln. Einen weiteren Vorteil hätte die Orientierung an Österreich für unseren Bayern in Berlin: Dort versteht man ihn zumindest sprachlich besser als die „Saupreißen". Unsere Bundesumweltministerin, Frau Barbara Hendricks, kann davon ein Lied singen. Vermutlich hat Herr Schmidt einfach nicht verstanden, was seine Kollegin meinte, als sie von der Ablehnung von „Glyphosat" sprach. In Österreich spricht man es „Glüfosoot" aus, und unsere ökologischen Nachbarn haben dagegen gestimmt.

THE WORLD IS ~~NOT~~ ENUFF!

Es war nicht einfach, einen reißerischen Anglizismus zu finden, der das Thema abbildet und keine Rechte verletzt. Immerhin klingen ein Album des Rappers Tela und ein Bondfilm so ähnlich. Zudem ist Sonntag Heiligabend, und das bedeutet, Geschenke zu besorgen. Da bleibt kein Geld für Copyright-Verletzungen. Jedes Jahr muss es etwas Neues sein. Für alle Familienmitglieder. Nicht zu vergessen, dass wir ebenso viele Fragen beantworten müssen, wie es Beschenkte gibt, was wir uns denn selbst wünschen. Als wäre es nicht schwer genug, ein Geschenk für den Großonkel und den neuen Freund der Cousine zu finden. Schließlich kennt man beide nicht gut genug, um etwas Individuelles und Persönliches zu schenken, will sich aber auch nicht die Blöße geben, einen Gutschein von einem bekannten Internetversandhändler zu kredenzen. So war es zumindest bis vor wenigen Jahren noch bei mir.

Tatsächlich hatte ich schon als Kind im inneren Disput in Frage gestellt, weshalb eigentlich nicht Jesus an dessen Geburtstag Geschenke bekommt, sondern wir. „Nun, was will er auch mit einer Playmobilburg?“, wischte ich den Gedanken damals beiseite, und Jahr für Jahr wuchs die Anzahl Geschenke, die ich bekam. Irgendwann hatte ich deutlich mehr Spielsachen als selbst all meine Freunde Hände beizusteuern in der Lage gewesen wären, um zeitgleich damit spielen zu können. Weihnachten überforderte mich. An mindestens zwei Festen nahm ich auch persönlichen Schaden. Einmal, als die drei Lego-

Raumstationen vom gleichen Typ, die meine Omas und Tanten versehentlich unabhängig voneinander geschenkt hatten, über mir zusammenbrachen, weil ich dachte, eine Riesenraumstation daraus bauen zu können. Was musste ich damals schon über Statik! Das andere Mal nahm ich Schaden, weil ich einige Duplo-Steine meines Cousins feindlich übernehmen wollte. Schließlich war es mein Weihnachtsfest und nicht seins. Leider hatte ich etwas Wichtiges übersehen: Das funktioniert nur vonseiten des Stärkeren. Was musste ich damals schon über Kapitalismus? Heute ist vieles anders. Ich wünsche mir und verschenke nur noch gemeinsame Zeit zu Weihnachten.

„Ladet mich gerne zum Essen ein“, sage ich stets zu meinen Eltern, bei denen ich mich ohnehin einmal die Woche zum Essen einlade. Das erspart mir zumindest einmal pro Jahr, mich selbst einladen zu müssen. Ich selbst schenke stets dasselbe: Karten fürs Varieté. Im niedrigen zweistelligen Bereich besetzen dann Arnolds am ausgewählten Tag die Plätze im Theater. Das fühlt sich fast wie eine Privatvorstellung an, wenn man die anderen 600 Gäste ausblendet. Gemeinsame Zeit ist ein wichtiges Gut und viel haltbarer als Materielles. Wenn meiner Tochter das geschenkte Smartphone, für dessen Coltan ein Kongolese, der nur halb so alt ist wie sie, stundenlang in einer Mine schwitzen musste, runterwirft, ist es futsch. Bis die Erinnerung an die vielen Varieté-Besuche kaputt gehen, muss sie schon deutlich öfter auf den Kopf fallen. Das mache ich jetzt schon seit drei Jahren. Also nicht auf den Kopf fallen, sondern gemeinsame Erlebnisse schenken. Inzwischen bekomme ich auch immer öfter selbst ebensolche: von Theaterbesuchen über Besuche von Kletterparks bis hin zu Städtereisen. Die Welt will erkundet werden und ist groß. Zumindest dann, wenn wir nicht immer und immer mehr schenken, was Ressourcen erschöpft, die wir sinnvoller einsetzen könnten. Und ich freue mich auf den Tag, an dem ich von meinem Großonkel endlich keine DVDs mehr geschenkt bekomme. Ohne Fernseher ist das nämlich blöd.

DER
JAH-
RES-
VOR-
BLICK

„Das neue Jahr ist da. Was mag es bringen?", frage ich mich und werde es ich mich auch in 20 Jahren fragen. Sicher ist der Blick dorthin etwas spannender. Zeitreise: Es ist der zweite Januar 2038, ein Samstag übrigens. Ursprünglich hätte ich in diesem Jahr in den Ruhestand gehen können. Aber was ist schon ursprünglich? Das wäre auch schon einmal zwei Jahre früher gewesen. Jetzt muss ich noch drei Jahre. Ist aber auch besser als zu den schöngerechneten 16 Millionen Arbeitslosen zu gehören. Ich schaue auf die Uhr. Gleich kommt die Amazon-Lieferung. „Drei-Zwei-Eins", zähle ich herunter, dann klopft es an das Fenster meiner Dachgeschosswohnung. „Meins!", sage ich und öffne. Eine Lieferdrohne hält mein Päckchen umklammert. Ich nehme es in Empfang. Summend dreht sie ab und wird rasch zu einem kleinen Punkt im morgendlichen Himmel.

Auf der Straße sehe ich den ganzen Stolz der Stadtwerke, einen selbstfahrenden Müllwagen der neusten Generation. Er gabelt die großen Tonnen ein und entlädt den unsortierten Inhalt in seinen Laderaum. Auf einer der News-Sites im Netz konnte ich lesen, dass die Müllsortierung mittlerweile vollautomatisch und fehlerfrei funktioniert. Die Recyclingquote liegt bei 100%. Diese News-Sites sind großartig. Sie schreiben sich von selbst und berichten genau das, was ich hören möchte. Eine einzige Serverfarm ersetzt hunderte von Journalisten. Die Rechner recherchieren selbständig, filtern und analysieren besser als jeder Mensch. Ich rufe: „Alexa, Morgennachrichten, bitte!“ und setze mich mit meinem Päckchen an den Küchentisch. Wie aus dem Nichts materialisiert sich der Nachrichtenkanal mir gegenüber. Brillen für Virtual Reality sind nicht mehr nötig. Alexa zeigt mir unmittelbar auf mich abgestimmte Nachrichten: Umweltsachen, Politik, viel Lokales, kein Sport – anhand meines automatisch lückenlos dokumentierten Surfverhaltens zusammengestellt. Währenddessen öffne ich meine Lieferung. Sie enthält Käsescheiben, Frühstücksfleisch, Gurken- und Tomatenscheiben sowie Brot, alles einzeln verpackt. Natürlich besteht der Käse nicht aus echter Kuhmilch - er ist aus Pflanzenmilch exakt nachempfunden und geschmacklich nicht mehr zu unterscheiden -, und auch das Fleisch ist aus Stammzellen reproduziert, ohne dass das Tier je gelebt hätte. Wie sollten wir auch sonst 9,2 Milliarden Menschen ernähren?

Die dreidimensionale Nachempfindung eines Nachrichtensprechers präsentiert mir einen Jahresrückblick. Fast acht Millionen Tonnen Müll sind im letzten Jahr angefallen. Täglich! Verrückt, dass sich das in nur 20 Jahren verdoppelt hat, denke ich. Wo das mit den Unverpacktläden doch so eine schöne Idee war. Doch die Bequemlichkeit hatte gesiegt. Dann die Meldungen von der Recyclingquote. Natürlich war sie geschönt. Ist sie auch heute. Das meiste wird ja doch verbrannt. Wussten wir auch. Aber es beruhigt das Gewissen so schön. Immerhin wird daraus Energie gewonnen, und inzwischen funktionieren auch die CO2-Abscheider, so dass der Klimawandel nicht weiter vorangetrieben wird. Ich lege die einzelnen Bestandteile meines frisch gelieferten Frühstücksbrotes übereinander und setze mich im T-Shirt auf die Terrasse. Den Klimawandel haben wir gerade rechtzeitig gestoppt. 20 Grad morgens um neun, denke ich mir, als ich in meine Stulle beiße, ist doch gar nicht so schlecht. Meinen Sommerurlaub habe ich schon gebucht. Da geht es ab in den Norden, wo die Temperaturen auszuhalten sind. Und was bringt das Jahr 2018? Ein paar Weichen in andere Richtungen wären schön!

KNAPP VORNE-BEN IST AUCH DABEI

Müll einsparen zu wollen, ist so eine Sache. In manchen Bereichen ist es so alltäglich, welchen zu produzieren, dass man dem nur mit unmenschlicher Schnelligkeit entgehen kann. Wenn ich zum Beispiel im türkischen Imbiss bestelle und denke ich tue etwas Gutes, indem ich mich reinsetze und mir den Döner auf einem Teller servieren lasse, dann bekomme ich ihn dennoch in der Papiertüte. Warum? Ich werde „Bisschen scharf?“ gefragt. Weshalb werde ich nicht auch „Bisschen unverpackt?“ gefragt? Im Übrigen spricht mein Imbissbudenbesitzer akzentfrei Deutsch. Besser als mancher seiner Kunden, die wiederum grundsätzlich mit „Bisschen Scharf!“ bestellen, statt mit „Würden Sie dem Döner bitte etwas Schärfe geben!“ Ich spreche Mehmet darauf an. „Ach, sie wissen‘s halt nicht besser!“, antwortet er. „Wir sind halt auf dem Land!“

„Und das Papier um den Döner?“ „Ach!“, sagt er. Eine Schweigesekunde folgt. „Bisschen scharf?“, fragt er dann, würzt mein Falafelsandwich und fährt fort, den Dönerbräter zu reinigen, als hätte ich die Frage nie gestellt.

Dasselbe Phänomen habe ich in der Bäckerei erlebt. Ich gehe mit meinem Thermobecher rein und bestelle einen Kaffee zum Mitnehmen. Die Verkäuferin nickt, macht einen Pappbecher voll, schüttet den Inhalt in meinen mitgebrachten und wirft den Einwegbecher in den Müll. Als sie mir den Thermobecher zurück gibt, schließt sich meine Hand, während sich mein Mund simultan öffnet. Ich schaue sie mit großen Augen an. Meine Kiefer öffnen und schließen sich, aber mein Gehirn schafft es nicht, die passenden Worte zu formen.

„Geht es Ihnen gut?“, fragt sie. Ich ziehe den Becher an meine Brust, und die leichte Wärme, die von ihm ausgeht, beruhigt mich etwas. „Bisschen Süß?“ fragt sie. Mehmet kommt rein, sagt „Siehste!“ und klopft mir aufmunternd auf die Schulter.

Ich setze mich resigniert hin, Mehmet neben mich und wir trinken zusammen Kaffee - ich aus meinem Thermobecher, er aus einem Einwegbecher. Ich schaue auf den vermeidbaren Müll, dann schaue ich auf ihn. „Warum setzt du dich mit einem Pappbecher rein, statt einen der Porzellanbecher zu nehmen, die sie hier auch haben?“, will ich wissen. „Erstens trinke ich nur die Hälfte hier!“, sagt er. „Die zweite Hälfte trinke ich auf dem Weg zurück zum Dönerladen, denn solange ist meine Pause nicht, und zweitens ist das ohnehin Quatsch!“, sagt er. „Quatsch?“, frage ich. „Na ja“, sagt er. „Denk mal daran, dass jeder einzelne Becher gespült werden muss. Dafür wird Energie aufgewandt. Wenn der Becher im Müll landet, kommt er in die Verbrennungsanlage. Aus ihm entsteht Energie. Was ist also ökologischer?“

Erneut passiert mir diese Sache mit dem Unterkiefer. Ich möchte antworten. Irgendwo ist ein logischer Fehler, doch ich bin zu überrascht, um ihn zu finden. Mehmet nimmt seinen halb vollen Becher und verabschiedet sich in Richtung seines Dönerladens. Ich denke noch kurz nach und erinnere mich an eine niederländische Studie. Sie kam zum Ergebnis, dass der Pappbecher dem Keramikbecher tatsächlich ökologisch überlegen sein kann. Jedenfalls dann, wenn man die Produktionskosten beider mit in die Bewertung miteinbezieht. Der Keramikbecher, so die Studie, ist nur dann für die Umwelt von Vorteil, wenn er ein paar Jahre genutzt wird und nur nach jedem fünften Gebrauch in die Spülmaschine kommt. Zum Glück besitze ich meinen Thermobecher schon die erforderliche Zeit. Und die Sache mit dem Umschütten vom Pappbecher hier bekomme ich auch noch hin. „Bisschen Müll!“, lege ich mir schon mal als Antwort zurecht.

WENN DER „KEINEN HUNGER!" KOMMT

Coca Cola plant für April die Einführung von 0,15-Liter-Getränkedosen auf dem deutschen Markt. Das ist nur konsequent. Immerhin haben sie die 0,5- und 1,5-Liter-Mehrwegflaschen schon aus dem Sortiment genommen. Ich finde das gut. Immerhin ist die imperialistische Zuckerplörre nicht gesundheitszuträglich. Danke, Amerika! Das geht mir aber nicht weit genug. Ich fordere die Industrie auf, diesem vorbildlichen Vorstoß zu folgen. Immerhin gibt es schon gut etablierte Beispiele. Nehmen wir Danone. Schon vor über 30 Jahren haben sie Fruchtzwerge eingeführt und es geschafft, den Brennwert eines kleinen Steaks, so deren bekannter Werbeslogan, in winzig kleine Joghurtbecher zu pressen. Warum kommt ein US-Konzern erst jetzt auf die Idee? Immerhin haben beide Produkte doch ihren hohen Zuckeranteil gemein, und mit Zucker lacht bekanntlich das Leben. Und der Diabetologe. Aber leider nicht die Krankenkasse. Und gerade deshalb sind kleine Verpackungen so wichtig. Das kann doch der Volksgesundheit nur zuträglich sein.

Auch könnte ich mir vorstellen, Zucker in Kleinstverpackungen anzubieten. Was bei Vanillezucker Standard ist, muss doch auch bei nicht aromatisiertem Zucker möglich sein. Gerade wir in der Wetterau, der Zuckerrübenregion Nr. 1 in der Welt, wir, die wir dem weißen Gold unseren Wohlstandes verdanken, müssen hier doch eine Vorreiterrolle einnehmen. Weg mit den schädlichen Pfundpackungen! Her mit den Zehn-Gramm-Tütchen! Mal ganz ehrlich! Wer abends Lust auf Zucker hat – und wer hat das nicht? – isst schon mal ein Päckchen Zucker. Bei den üblichen Packungen sind das über 2.000 Kcal. Habe ich nun eine kleine Packung griffbereit, sind es noch nicht einmal 50. Ich sehe uns in wenigen Jahren als eine Nation schlanker Menschen, frei von Diabetes und Bluthochdruck, auf die die Weltmenschheit mit Stolz blickt, die von der Weltgesundheitsorganisation in jedem Bericht lobend erwähnt wird. Man könnte das auch auf Genussmittel ausweiten, analog der Kaffeekapseln. Das hat ja schließlich auch unseren Konsum erfolgreich reduziert. Seit dem überdosiert niemand mehr sein Pulver, sondern bekommt exakt die mit dem Bundesgesundheitsministerium abgestimmte Einzeldosis. Ich könnte mir Ein-Zigaretten-Schachteln sehr gut vorstellen. Menschen, die bislang zwei Packungen täglich rauchten, könnten das weiterhin tun, vergifteten ihre Lungen aber nur noch mit zwei Zigaretten. Was das für die Volksgesundheit bedeutete, muss ich wohl nicht erwähnen.

Mich persönlich sehe ich in einigen Jahren mit einer 0,15-Liter-Bio-Gemüsesaft-Einwegdose in der einen, einem Mini-Tässchen Kapselkaffee in der anderen und einer Schokoladen-Zigarette – bio, vegan und fair aus heimischen Kakaobohnenplantagen stammend – im Mundwinkel auf einem Berg sitzend und verzückt in die Zukunft blickend. »Was?“, rufen sie jetzt. »Heimische Kakaobohnenplantagen? Das gibt es doch gar nicht!« Ich gebe ihnen Recht. »Das gibt es doch gar nicht!« habe ich mir auch gesagt, als ich von diesem Unsinn aus dem Hause Coca Cola las. Der Berg, auf dem ich sitzen würde, bestünde aus Einwegflaschen und Einwegdosen, und die beschriebene Zukunft, in die ich blicken würde, bescherte uns ein Müllproblem unbeschreiblichen Ausmaßes. Spätestens seit Trump wissen wir, dass Amerika kein Land der guten Ideen mehr ist. Ich hoffe, es zieht kein deutscher Konzern nach, den Welpen-Effekt ins Kaufverhalten zu übertragen. »Och, ist der „Kleine Joghurt mit der winzigen Ecke“ süß. Den muss ich gleich kaufen, wenn der „Keinen Hunger!“ kommt!«

SCHWEI
NEREIEN

Eine Schweinerei, die Animal Equality da aufdeckt hat. Ein spanischer Mastbetrieb hält Schweine in Qual zusammengepfercht. Im Netz ist zu lesen, dass REWE unabhängige Untersuchungen fordert und „El Pozo" erst einmal aus dem Programm nimmt, und in den Metzgereien hört man die Gespräche der Erschütterten, die aber ohnehin nur ganz selten Fleisch essen, und wenn, dann nur vom Bio-Bauern um die Ecke, wo man ja sehen könne, wie gut es den Tieren geht. „So, ihre sechs Pfund Schweinekotelett, der Herr! Noch etwas Salami fürs Kind?" „Gerne! Eine Scheibe Chorizo, bitte, aber nicht aus diesem Mastbetrieb, aus dem man seit Sonntag diese schrecklichen Bilder im Netz sieht." 16 Euro wandern für das Sonderangebot auf die Kleingeldablage. Normalerweise kauft man ja immer Bio aus artgerechter Haltung, aber es werden Gäste erwartet, und einfach so 40 Euro für ein simples Abendessen zahlen? Laut foodwatch lag der Bio-Anteil im Jahr 2016 beim Kauf von Rotfleisch bei 1,8 Prozent.

Bei einer Bevölkerungsbefragung von PwC aus dem letzten Jahr gaben jedoch 36 % der Befragten an, sie griffen eher zu Bio als zu konventioneller Produktion. Das ist derselbe Effekt, der eintritt, wenn man Fußgänger befragt, ob sie eher bei Grün oder bei Rot über die Ampel gehen. „Nur bei Grün natürlich, der Kinder wegen!" Lächeln, bis der erwartete Bus in Sicht kommt. Dann rasch bei dunkelrotgrün drüber! Was sind die Folgen, wenn die Kinder folgen? Auf jeden Fall keine, die vor Augen sind.

Die Kinder gehen ja hinter einem bei Rot. Und wenn es kracht? Na, da liegt die Schuld ja wohl bei den Eltern, die ihren Sprösslingen das mit dem Bei-Rot-Warten mal hätten besser erklären sollen. Wenn die Warnmeldung im Radio kommt: „Schweinetransporter aus Mecklenburg-Vorpommern auf dem Weg nach Rheda-Wiedenbrück verunfallt. 90 Tiere tot. 20 km Stau auf der A 45", liegt die Schuld am Stau - Verzeihung, am Tod der armen Tiere - ja auch beim Gesetzgeber, der Mastbetriebe und Massentransporte zulässt. In oben genannter Befragung gaben übrigens fünf Prozent an, sie vertrauten Bio nicht. Das teile ich nicht. Was jedoch zu teilen wäre, ist die Erkenntnis, dass auch Bio-Fleisch in Massen zu den gleichen Schlachthäusern transportiert wird und niedrigste Stufen der ökologischen Haltung gewählt werden, solange wir Masse und Preis zum kaufentscheidenden Kriterium wählen. Das wissen auch REWE und EDEKA, die „El Pozo" im Sortiment haben.

Wer tatsächlich Tierschutz im Sinn hat, muss prüfen, mit wem er zusammenarbeitet, und darf nicht anschließend empört tun, während die Zustände mit der eigenen Preispolitik selbst gefördert wurden. Es sind noch immer fast 60 Kilo Fleisch, die wir jährlich pro Person verzehren. Das ist weder mit der Volksgesundheit, noch mit Tierschutz vereinbar. Die Deutsche Gesellschaft für Ernährung empfiehlt, sich auf ein Viertel bis zur Hälfte dieser Menge zugunsten der Gesundheit einzuschränken, die Böll-Stiftung auf die Hälfte zugunsten der Umwelt zu reduzieren.

Das ist der einzige Weg, und wir müssen ihn früher oder später ohnehin gehen. Warum nicht gleich damit anfangen? Tönnies, der eine der weltgrößten Schlachtereien betreibt, verlost übrigens auf seiner Webseite „ein Einlaufkind für das DFB-Länderspiel gegen Spanien am 23. März 2018“. Abgesehen davon, dass Kinder zu verlosen, etwas menschenhändlerisch erscheint, frage ich mich, ob das Kind in Spanien nach dem Einlauf einen Auflauf vom Schwein ohne Auslauf bekommt. DFB-Koch Holger Stromberg wird schon eine vegetarische Alternative finden.

KAT-
ZEN-
KRAT-
ZER

Letztens wurde ich während einer Diskussion in einer Facebook-Gruppe zum Thema Minimalismus sinngemäß gefragt, weshalb wir alle bloß so zahlenverliebt seien. Wenn man der Umwelt etwas Gutes tun wolle, könne man das doch einfach tun. Ja, das ist natürlich prinzipiell richtig. Man kann immer alles tun! Erinnern wir uns jedoch an unsere Grundschullehrerin, dann fällt uns schnell ein, dass sie immer sagte: „Tun tut man nicht!" Was soll man da tun? Der Nachteil vom einfachen Tun ist, dass es zumeist auf dem Bauchgefühl basiert. Das Bauchgefühl nährt sich durch Erfahrung. Wenn mich meine Katze das dritte Mal gekratzt hat, weil ich sie gegen den Strich gestreichelt habe, sagt mir mein Bauchgefühl, wenn ich eine fremde Katze mit noch größeren Krallen vor mir habe: „Versuch's besser in Wuchsrichtung des Fells!" Ich tu's, sie schnurrt und ich komme ohne Auffrischung meiner Tetanusimpfung durch den Tag.

In Fragen einer ökologischen Lebensführung ist das leider nicht so. Ich kann aus eigenen Erfahrungen nicht bemessen, ob sich das Eine ökologischer auswirkt als das Andere. Weder das Eine noch das Andere haben Krallen, die mich Erfahrungen machen lassen. Ich merke auch nicht, dass sich das Klima wandelt, weil ich dieses oder jenes in meinem Leben verändert habe. Das ist ein Wenig wie mit dem Rauchen. Wenn unmittelbar nach dem Rauchen Lungenkrebs folgte, würden nur noch Suizidenten rauchen. Etwa jeder zehnte Raucher erkrankt im Laufe seines Lebens, im Durchschnitt 30-40 Jahre nach Beginn des Rauchens, an Krebs. Nur wenn ich das weiß, kann ich entscheiden, ob Rauchen clever ist oder nicht. Wer vor hundert Jahren zu rauchen begann, stellte vierzig Jahren später fest, dass es 90% seiner Rauchkumpane besser geht und wunderte sich vielleicht, warum die Eiserne Lunge so laut pumpt. Das Informationszeitalter bringt mit sich, dass eben solche Zahlen öffentlich zugänglich sind und Entscheidungen beeinflussen können. Ebenso ist es mit den Zahlen zur Umwelt. Ich muss wissen, was in 30 oder 40 Jahren aller Wahrscheinlichkeit eintreten wird, wenn ich dieses oder jenes Verhalten an den Tag lege. Wenn ich an der Supermarktkasse stehe und die Wahl zwischen Papier- und Plastiktüte habe, sagt mir mein Bauch vielleicht: „Nimm Papier! Bäume sind ein Teil der Natur!“ Habe ich die nötigen Zahlen recherchiert, weiß ich, dass zur Herstellung fast doppelt so viel Energie benötigt wird und eine deutlich höhere Belastung von Luft und Wasser durch Stickoxide, Schwefeldioxide und andere Chemikalien, mit denen die Zellstofffasern behandelt werden müssen, entsteht. Dann weiß ich, dass wir mit Papiertüten als Ersatz in 40 Jahren höchstwahrscheinlich noch trockenere und heißere Sommer haben werden. Den Teufel mit dem Beelzebub austreiben, nannte das meine Oma.

Ich entscheide mich mit diesem Wissen vielleicht, meinen Einkauf lose im Kofferraum nachhause zu fahren. Dort angekommen mehrfach zwischen Küche und Auto pendeln zu müssen, wirkt sich dann auch auf den Bauch aus - sowohl auf den Umfang als auch auf gleichnamiges Gefühl, das mich das nächste Mal meine Stoffbeutel sicher nicht vergessen lässt. „Wissen ist Macht“ schrieb der Philosoph Francis Bacon schon 1598. Wir sollten also alle etwas zahlenverliebt sein, wenn wir die Macht haben wollen, die richtigen Entscheidungen zu treffen. Eine valide Statistik, wie viele Katzen nicht gegen den Strich gestreichelt werden wollen, gibt es übrigens nicht. Zur Umwelt dahingegen findet man im Internet alles, und die hat nicht einmal Krallen.

RHABA
BER-
BAR-
BARA

Manchmal muss ich schmunzeln, wenn ich durch die Supermärkte schlendere. Dem Einfallsreichtum sind keine Grenzen gesetzt, wenn es darum geht, Dinge zu verpacken, die andere dann auspacken dürfen. Menschen lieben es, Sachen auszupacken. Das erklärt, warum #unboxing ein so beliebter Hashtag auf allen Kanälen ist. Und was wir nicht alles auspacken! Manches davon verstehe ich noch. Ein Kaugummi ist einzeln verpackt, damit wir anderen einen anbieten können, ohne dass deren Hände sie kontaminieren. Wenn der Hersteller viele davon zu einem günstigeren Preis anbieten möchte, packt er die vielen einzeln verpackten Kaugummis in ihrer Zehnerpackung zu zwanzig Stück in eine Großverpackung. Da er dem Händler natürlich nicht nur eine Großverpackung mit zwanzig Verpackungen von zehn verpackten Kaugummis verkaufen will, bietet er eine Verpackung mit zwölf Großverpackungen von je 20 Verpackungen von je zehn einzeln verpackten Kaugummis auf einer mit Folie umschlagenen Euro-Palette an. Warum ich schmunzele?

Weil es mich an die Rhabarberbarbarabarbarbaren erinnert, die in der Rhabarberbarbarabar Rhabarberbarbaras Rhababerkuchen essen. Wir satteln so lange noch eine Verpackung drauf, bis wir es endlich geschafft haben, die Entsprechung eines Zungenbrechers in Müll statt in Worten zu erschaffen und mehr Verpackung zu kaufen als vom Produkt selbst. Je mehr ich mich damit beschäftige, desto seltener schmunzele ich allerdings. Ich möchte hier ein paar Beispiele aufführen, bei denen ich mit offenem Mund vor dem Regal stehe. Das erschwert das Schmunzeln deutlich. Probieren Sie das einmal! Mit einem O des Erstaunens im Gesicht, ist es tatsächlich unmöglich zu lächeln.

Hier kommen die Top drei der Dinge, die mich hinderten zu schmunzeln: Den dritten Platz hat das geschälte hartgekochte Ei, das uns nun in der Osterzeit wieder begegnen wird. Es befindet sich in einer Plastikverpackung mit einem kleinen Tütchen Salz. Mal ganz ehrlich, wer es schafft, ein Ei aus dem Plastik zu friemeln, schafft es doch auch, es aus der Schale zu pellen. Ohne Kalkschale ist es zudem ungeschützt, weshalb eine Schutzatmosphäre in der Plastikverpackung geschaffen werden muss, indem Stickstoff hineingepumpt, bevor es luftdichtverschlossen wird.

Platz zwei hält die geschälte Orange in der Plastikverpackung. Die Verletzungsgefahr sinkt zwar, da sich niemand mehr die ätherischen Öle der Schale beim Lösen vom Fruchtfleisch ins Auge spritzt. Allerdings entgeht einem auch der Geruch im ganzen Raum, der sich noch so lange hält, dass selbst eine Stunde später ein Hinzukommender weihnachtliche Gefühle entwickelt und zwar noch weit vor dem Lebkuchenverkaufsstart im September. Reicht es nicht, dass viele Kinder nicht mehr wissen, wo die Milch herkommt? Müssen Kinder zukünftig auch noch unschlüssig vor Orangen in Schale stehen, nicht wissend, ob man sie essen oder damit im Sport aufeinander werfen soll?

Platz eins hält eindeutig die Coca-Cola-Dose in der hygienischen Plastikschale. Natürlich möchte man seine Lippen nicht an etwas heranführen, woran ein Schelm welchen kontaminierenden Schabernack auch immer getrieben haben mag, aber würde es nicht reichen, ein Glas zu nutzen, statt direkt aus der Dose zu trinken?

Live habe ich die Plätze zwei und eins hierzulande zum Glück noch nicht gesehen, doch das Ei ist ein gefährlicher Wegbereiter. Wenn soweit ist, dann, habe ich mir geschworen, werde ich Rhabarberbarbarabarbarbar und esse nur noch unverpackten Rhababerkuchen in Rhabarberbarbaras Rhabarberbarbarabar.

INTELLI-
GENTER
FRÜH-
STÜCKS-
SPECK

Wenn ich vor Jahren in meinen Kühlschrank geschaut hatte, stellte sich weniger die Frage, auf was ich Lust hatte, sondern mehr die, was gerade wegmusste. Dazu musste ich alles, was vorne stand, zur Seite schieben - denn natürlich räumte ich meine Neueinkäufe trotz besseren Wissens stets im vorderen Drittel ein. Nie fand ich den Frühstücksspeck, der angeblich da sein sollte. Nicht selten bedeutete es, mit einer Hand tief in die dunklen Bereiche einzutauchen, während die zweite versuchte, alles andere vom Herausfallen zu schützen. Dann musste ich es nur noch schaffen, meine Schulter so in Rotation zu versetzen, dass das aufgedruckte Datum ausreichend beleuchtet wurde. „März! Noch haltbar!“, hörte ich mich häufig sagen und dann ergänzen: „Schade! Falsches Jahr!“. Stets hielten mich animalische Laute von ganz hinten davon ab, auch die anderen Haltbarkeiten zu prüfen. Der Kühlschrank war immer voll: Drei Sorten Käse, zwei Sorten Schinken, fünf Marmeladen waren der Standard. Dazu Quark, Milch, Säfte und Frühstückseier. Stets nach der Arbeit war ich einkaufen, bevor ich einen Blick auf die Vorräte werfen konnte, und immer war ich dabei hungrig. So machte der Lebensmitteleinkauf besonders Spaß.

„Auf was habe ich denn Lust?“, fragte ich mich vor der riesigen Auswahl stehend. Die Antwort war immer die gleiche: „Auf alles!“. Rein in den Einkaufswagen, ins Auto, in den Kühlschrank. Mit dem neuen Quark, den angebrochenen nach hinten geschoben, die neue Wurst auf die alte gestapelt und die zwei Packungen frische Gnocchi zur Seite, denn da stand ja noch der Topf gekochter Pasta von vorgestern im Weg. Nie begegnete mir der Frühstücksspeck, wenn ich ihn suchte. „Heute aber erst einmal einen großen Salat mit Hühnchenstreifen!" Der frische Salat forderte mich immer regelrecht zum Kauf heraus, und Hühnchenbrust hatte ich noch zuhause. Zuhause angekommen stellte sich dann meist selbiger als ein Rest Thunfischfilet vom Vortag heraus, das ich eigentlich zusammen mit den Nudeln vom Tag davor essen wollte, dann aber doch das Filet lieber mit ein paar Zuckerschoten und Cocktailtomaten in der Pfanne gebraten hatte, weil es zu schade war, es einfach in eine Pastasoße zu schnippeln. Also kam der Rest in den Kühlschrank. Hält ja drei Tage. Und immer vorsichtig beim Reinräumen, denn in den dunklen Ecken raschelte stets etwas Unheimliches und knurrte.

Am dritten Tag dann, der grundsätzlich am falschen Tag zu zählen begann, warf ich die Nudeln weg, dann den riechenden Thunfisch, dann den trockenen Käse und die sich seitlich hochwellende Wurst, und ich entfernte Schimmel von der Marmelade. Einmal im Monat musste ich den Kühlschrank komplett leer räumen, weil irgendetwas stank, Quark ausgelaufen war und ein Schmierfilm darauf hindeutete, dass sich etwas im Kühlschrank von selbst bewegte. Heute vermute ich, es war der Frühstücksspeck. Beweise fehlen natürlich, denn heute ist der Kühlschrank aus. Es befindet sich ein Aufstrich darin, eine

Schokocreme und eine Marmelade. Alle drei esse ich täglich zum Frühstück, dazu rohes Gemüse, Sprossen und frisch gebackenes Brot. Ich koche täglich Kleinigkeiten, pimpe die Reste folgetags auf, so dass etwas gänzlich anderes dabei entsteht, und mache dadurch vor allem keine Reste, die in den Müll wandern.

Es klingt komisch, aber zurückblickend war es nicht nur für die Umwelt ein guter Schritt, ohne Kühlschrank zu leben. Es hat mich entstresst – und mir die Angst gekommen, von mutiertem Frühstücksspeck irgendwann angefallen zu werden.

FRÜH-
JAHRS-
PUTZ

„Ich konsumiere sehr kritisch. Dreimal vor dem Kauf überlege ich mir, ob ich etwas tatsächlich brauche, ob es nur nett wäre, es zu besitzen, oder ob mir gar eine pfiffige Werbefirma nur einen Bedarf eingeredet hat. Das mache ich inzwischen recht erfolgreich und kaufe kaum mehr Materielles."

Nachdem ich diese ersten Zeilen geschrieben habe, greife ich in meine Schreibtischschublade und möchte einen Gedanken notieren, der mir währenddessen kam. Ich ziehe einen Stift. Lila? Nein. Ich ziehe einen weiteren. Rot? Nein! Dann ziehe ich einen leeren Füllfederhalter, dann einen zu dicken Filzstift, bis ich endlich einen Kugelschreiber in der Hand halte. Beim Griff zum Notizblock erlebe ich das Gleiche. Ich wühle mich durch Unmengen ungenutzter Klarsichthüllen und zahlreiche leere Schnellhefter, bis ich den obersten einer Großfamilie von Notizblöcken entnehmen kann. Der Gedanke, den ich hatte, ist inzwischen weg. Ich schreibe dennoch etwas nieder: „Ausmisten!"

Kritischer Konsum ist gut und wichtig. Er spart Ressourcen, denn was nicht gekauft wird, muss letztlich nicht produziert werden. Er spart zudem Geld, denn was ich nicht kaufe, lässt mir Mittel für Dinge, die mir wirklich wichtig sind. Was ist aber mit all dem, das wir schon haben? Wie wäre es mit kritischem Besitz? Es ist doch nicht damit getan, in die Zukunft zu blicken, solange die Vergangenheit noch so viel Potential hat.

Ich zähle meine Stifte. Es sind 67 Stück, von denen ich allenthalben einen zur selben Zeit nutze, und selbst den nur selten, da ich das meiste inzwischen unmittelbar als elektronische Notiz speichere, die ich im Gegensatz zum papiernen Pendant sogar mit einem Fälligkeitstermin versehen kann. Das macht die Notizblöcke natürlich noch unsinniger. Auch sie zähle ich. Es sind 22. Ich überlege mir, wie viele Ressourcen all die Stifte und Blöcke in Summe bindeten, wenn es in jedem Haushalt so aussähe. Zwei Wälder sparten wir vermutlich ein. Einen oberhalb der Grasnarbe, der der Papierherstellung zum Opfer gefallen wäre, und einen unterhalb, der vor Millionen Jahren schon zu Erdöl wurde und als Plastikhüllen all diese Filz- und Kugelschreiberminen ummantelte.

Wie viele Menschen müssten darüber hinaus weniger Stifte und Blöcke kaufen, wenn sie nicht in Herden zusammengerottet, lichtscheu ihr einsames Dasein in den Schränken und Schubladen der Nation fristeten, sondern verteilt würden?

Ich schaue, was noch so alles in meinem Büro zu finden ist, das ich nicht nutze. Meine Schubladen antworten: Wasserfarbkästen, Buntstifte und Hefterlaschen bis hin zu CD- und DVD-Rohlingen, die ich, seit es USB-Sticks gibt, nicht mehr angefasst habe – lediglich zweimal bei Umzügen. Der Blick schweift durch meine Wohnung und zeigt viele Schrankregale, Schubladen und Ecken, in denen sich durchaus nützliche Gegenstände mit einer Patina aus Staub gegen die Entdeckung tarnen mögen. Ich muss es nur angehen, denke ich mir, und verschiebe es enthusiastisch auf einen unbestimmten regnerischen Sonntag. Dann grätscht der Öko in mir den erfahrenen Prokrastinierer brutal zur Seite und, um diese Riesenaufgabe zu bewältigen, entsteht die Idee einer 30-Tages-Challenge. Den ganzen April setzte ich täglich etwas Neues frei und verschenke es, ist der Plan. Das befreit nicht nur die Schubladen. Vielleicht möchtet ihr euch anschließen. Auf dem Blog und in Facebook folgen der Challenge schon einige. Noch nicht ganz so viele wie Stifte in meiner Schublade sind. Aber das zu überbieten, liegt ganz in euren Händen. Greift zu!

„Wir sind eben Jäger und Sammler!“, höre ich immer wieder. Mich macht das traurig. Ich esse kein Fleisch. Dadurch fühle ich mich ausgegrenzt. Während die modernen Wild- und Feldbeuter täglich in den Supermärkten erfolgreich jagen, frage ich mich bei einem mageren Salatblatt, das nicht davonlaufen kann, was einem dürren Veganer bleibt, um seinem stammesgeschichtlichen Erbe gerecht werden zu können? Definitionsgemäß ist ein Veganer jemand, der zu dumm zum Jagen ist. Das will ich nicht akzeptieren.

JÄGER UND SAMM-LER

Ein Blick in meine Schreibtischschublade erweckt in mir den Verdacht, ich könnte bereits ein adäquates Substitut gefunden haben: Smartphones. Im Gegensatz zu Salatblättern können sie sich bewegen. Sie fliegen – meistens aus der Hand – und sind danach kaputt. Erst im Herbst vorletzten Jahres, als ich meine alten Druckerpatronen zum Recycling zu geldfuermuell.de eingesandt hatte, wanderten fünf defekte Handys mit ins Paket. Trotz meiner neuen, durch leidvolle Finanzeinbußen entstandenen Devise, grundsätzlich nur noch gebrauchte Mobiltelefone zu kaufen, haben sich seitdem überraschenderweise wieder vier Geräte angesammelt. Bin ich vielleicht so erfolgreich bei der Jagd, dass ich nicht einmal mehr registriere, dass ich Beute mache? Stimmt die Veganer-Definition etwa gar nicht. Andererseits könnte es möglicherweise dumm sein, sie in einer Schublade anzuhäufen.

Im Jahr 2017 sollen in Deutschland rund 23,6 Millionen Smartphones verkauft worden sein. Im Schnitt benutzen wir unsere Smartphones circa eineinhalb Jahre lang, bevor wir neue kaufen oder turnusmäßig mit der Vertragsverlängerung erhalten. Die alten kommen in den Schrank. Man weiß ja nie, ob man sie nochmal braucht. Dadurch schlummern einigen Quellen zufolge circa 100 Millionen Handys in den Schubladen und Schränken der Nation, und die sind nicht nur goldwert. Auch Rohstoffe wie Silber, Kupfer, Nickel, Palladium und Seltene Erden sind in ihnen verbaut und können zurückgewonnen werden – weiter Tantal in den Kondensatoren, Wolfram in den Vibrationsmotoren und, wenn sich der Akku entfernen lässt, auch Kobalt.

Zurück zum Gold: Durch Verhüttung können aus einem Smartphone nach einer Untersuchung des Öko-Instituts ungefähr 30 Milligramm Gold recycelt werden. Lohnt sich der Aufwand überhaupt? Definitiv! In einer Tonne alter Handys oder Smartphones befinden sich 250 Gramm Gold. In einer Tonne Golderz hingegen nur vier Gramm. Es müssten also 62,5 Tonnen Golderz abgebaut werden, um dieselbe Menge Gold zu gewinnen wie aus dem Recycling. Und nicht nur das! Wir hätten unsere Goldreserven gar nicht zurück nach Deutschland und in den Keller der Bundesbank bringen müssen. 130 Gramm wiegt ein Smartphone im Schnitt. Bei 100 Millionen Stück sind das 13 Kilotonnen Elektroschrott und nach der Verhüttung 3.250 Kilogramm Gold. Bei einem Handelspreis von 35.000 Euro für das Kilogramm Gold liegen in den Schubladen Deutschlands daher in Summe 113,8 Millionen Euro einfach so herum – die anderen Rohstoffe nicht eingerechnet.

Der geneigte Jäger und Sammler würde das vielleicht in Hack umrechnen (es sind 22,6 Kilotonnen beim Discounter), doch was macht derjenige, der zu dumm zum Jagen ist? Vielleicht mit anderen Handy-Nutzern gemeinsam sammeln? Ich versuch's! Bis Ende des Monats nehme ich alle Altgeräte aus euren Schubladen, die ich bekommen kann, und lasse sie der Aktion der Deutschen Umwelthilfe zukommen. Selbst wir alle nicht mehr wirklich jagen, sind wir doch vielleicht immerhin erfolgreicher Sammler. Fast 30 habe ich schon!

EIN-
WEG-
PLASTIK

Letzte Woche war es in den Medien: Die EU-Kommission geht den ersten großen Schritt. Am 23. Mai will sie ihren Entwurf einer Richtlinie zur Verringerung der Umweltbelastung durch Plastikprodukte vorlegen. Plastikbesteck und -strohhalme sollen unter anderem verboten werden. Zudem will EU-Haushaltskommissar Günther Oettinger eine Steuer auf Plastik vorschlagen, um die gewerblichen Nutzer stärker an den Entsorgungskosten zu beteiligen. Ich bin schon auf den ersten Besuch im Schnellrestaurant gespannt, sobald das in ein paar Jahren in Deutschland umgesetzt ist. Die Plastikgabel gibt es dann nicht mehr. Doch wird ein Mehrwegbesteck auf meinem Tablett liegen? Wohl kaum. Das Konzept ist ja gerade der Verzehr unterwegs. Also wird es auf ein Einwegbesteck aus alternativem Material hinauslaufen. Ich tippe auf Bio-Plastik. Dessen Rohstoffe werden im Kern aus Mais, Weizen, Kartoffeln und Maniok gewonnen. Mit dem Verbot von Plastik in der EU wird ein neues Monster geschaffen. The King of Umweltverschmutzung is dead! Long live the King of Welthunger!

Der Anbau wird aufgrund der geringeren Kosten in der Dritten Welt erfolgen, so wie er bereits heute, auch für Bio-Kraftstoff und Tierfutter, dort erfolgt, und zu einer weiteren Verschärfung des Welthungers führen. Wir verzehren dann mit dem potentiellen Essen aus Südamerika, Afrika und Asien unsere Pommes und unsere Salate. Vielleicht werden es Holzgabeln und Tellerchen aus Palmblättern werden. Damit wären allenthalben die Bieber ein wenig geknickt. Allerdings ist die Produktion dieser Alternativen energieintensiver als die von Plastik und ebenfalls nicht frei von Chemikalien. Wahrscheinlich wird auch noch etwas mehr Regenwald daran glauben müssen. Nicht falsch verstehen: Ich finde es gut, dass Einweg-Plastik verboten werden soll, fürchte allerdings, dass wir uns einen Bärendienst erweisen, wenn wir das nicht mit einer sehr starken Aufklärungsarbeit begleiten. Die Schnellrestaurants werden immer versuchen, es dem Kunden möglichst bequem zu machen. Je einfacher ich es habe, unterwegs etwas zu konsumieren, umso bereitwilliger mache ich es.

Der Müll von Burger-King, McDonalds und Starbucks wird sich nicht reduzieren – solange das Schnell-Essen-Konzept weiterhin so gut in unsere Schnell-Leben-Gesellschaft passt. Vorteilhaft ist immerhin, dass sich das CO2-Problem ein Stück weit reduzieren wird. Mit der thermischen Verwertung von erdölbasiertem Plastikmüll – ca. 50 % aus dem Gelben Sack wird zur Energiegewinnung verbrannt – gerät seit Millionen Jahren tief in der Erde gespeichertes CO2 in die Luft und bringt uns die Atmosphäre zurück, in der sich unsere Dinosaurier wohlfühlten – vielleicht nennt man Trump deshalb in Bezug auf seine Umweltpolitik einen solchen. Bei Bioplastik oder Holz stammt das CO2 aus unserer heutigen Atmosphäre und trägt so nicht zur Verstärkung des Treibhauseffektes bei. Was wir neben einem Plastikverbot also dringend brauchen, ist eine breit angelegte Aufklärungskampagne, die bereits in der Schule anfangen muss. Es muss wieder cool werden, Brotboxen mitzunehmen, Standard sein, seinen eigenen Becher zu nutzen, und selbstverständlich, möglichst wenig Müll zu produzieren.

Wie wäre es mit einem Schulfach „Ökologisches Handeln"? Die Plastiksteuer könnte einen Teil davon sicher finanzieren. Dazu ist es nötig, Umwelt- und Kultusarbeit zusammenzuführen. Nur mit einem Verbot ist es, fürchte ich, nicht getan. Ich habe auch schon einen Slogan für die Aufklärungskampagne: „Sei kein Dino oder Trumpeltier!"

AM WÖL- FERS- HEIMER SEE

Letzten Mittwoch veröffentlichte der BUND seinen Gewässerreport 2018. 92 Prozent aller Flüsse und Seen in Deutschland sind in einem beklagenswerten Zustand, kommen die Autoren zum Ergebnis. Das überrascht, zumal es doch eine EU-Richtlinie gibt, die die Mitgliedsstaaten verpflichtet, bis 2015 alle Gewässer in einen guten Zustand zu bringen. Ach nein, die wurde ja bis 2027 verlängert. Irgendetwas kommt mir da bekannt vor. Was mag es wohl sein? Ach ja, da gibt es ja auch so ein Zwei-Grad-Klima-Ziel und eine Fristverlängerung unserer Bundesregierung. Wer da Parallelen sieht, ist nicht der sprichwörtliche Schelm, der Böses dabei denkt, sondern vermutlich schlichtweg jemand, der eine realistische Sicht auf unsere Zukunft hat. Ich sehe die Headline in der Zeitung bereits vor mir: „92 % des Klimaziels sind nicht erreicht. Es wird Zeit, dass die Politik sich bewegt." Wie schön, wenn man da in einem der Acht-Prozent-Gebiete der Bundesrepublik lebt, in denen es nicht in den Sommern zu heiß, in den Wintern zu mild oder, wenn es stürmt, zu stürmisch und, wenn es regnet, überschwemmt ist – von den ganzen verheerenden Konsequenzen für die Artenvielfalt, die Besiedlung, den Landbau und so weiter abgesehen.

Ich hoffe, die Wetterau ist eines dieser Gebiete. Ich möchte ungern neben unseren kritischen Seen – der Wölfersheimer See ist beispielsweise ein solcher – auch noch ein kritisches Klima in der Wetterau haben. Ist natürlich Unsinn! Klima ist kein in diesem Maße lokal abgrenzbares Phänomen, insbesondere da wir in einer Gesellschaft mit globalisiertem Handel unmittelbar von den Klimaauswirkungen überall auf der Welt betroffen sind. Ist es in Afrika zu heiß und trocken, und es verringert sich die Kakaoernteausbeute, werden hierzulande Chocalatiers bei Lind, Ferrero und Sarotti entlassen, um die Gewinnspannen zu retten. Immerhin 70 % der Rohware stammen von dort. Sie trinken keinen Kakao? Dann gehen wir nach Südamerika und schauen auf die Soja-Produktion. Über 40 Prozent stammen allein aus Brasilien. Sie essen kein Tofu? Unerheblich, denn 75 Prozent der Ernte werden als Tierfutter verwendet. Klimaziel futsch – Ernten Futsch – Metzger, Landwirte futsch, und immer mehr Menschen müssen Veganer werden. Was für eine traurige Zukunft!

Da sitzen wir bald in Geisenheim am See, beobachten die Fische beim Rückenschwimmen, kauen traurig auf einem pflanzlichen Schnitzel herum und sagen uns: „Ach ja, EU-Wasserrahmenrichtlinie, EU-Klimaschutzziele. Wie einfach es doch damals gewesen wäre!" Ja, ich gebe es zu, ich habe heute meinen sarkastischen Tag und der Ironie-Schalter ist auf on, aber mal ganz ehrlich: Es könnte so einfach sein. Wenn schon die Kreuzchen auf den Wahlzetteln aus Gewässer- und Klimasicht offenbar nicht die politischen Weichen stellen, dann wäre es vielleicht eine Idee, sich selbst ein wenig umzustellen. Ein Weg, der beides fördert, ist beispielweise einfach etwas mehr aus heimischem, ökologischem Landbau zu essen. Zwei Fliegen mit einer Klappe geschlagen! Ökolandbau bedeutet, weniger Dünger, der über das Grundwasser in unsere Seen und Flüsse fließt und dort Todeszonen mitverursacht, und Lokalerwerb, dass kein CO2 für die langen Transportwege in die Atmosphäre geblasen wird. Wasser- und Klimaschutz in einem. Wäre das nicht toll? Natürlich bleibt einem ungenommen, dennoch mit veganem Schnitzelbrötchen am Wölfersheimer zu sitzen. Noch ist er ja nicht gekippt, bietet eine schöne Aussicht, und auch vegan zu essen, hilft ja bekanntlich, die beiden Ziele zu fördern.

NEUGE-
BORENE
UND DIE
ÖKOBI-
LANZ

In meinen Vorträgen werde ich oft gefragt, was der Einzelne denn schon erreichen könne. Die Frage ist berechtigt. In Deutschland brauchen wir im Schnitt 3,2 Erden, will sagen: Wenn jeder so lebte wie wir, müsste die Erde dreikommazweimal so groß sein. Wir leben also in einem großen Ressourcen-Defizit, das – global betrachtet – nicht einmal die Menschen auszugleichen in der Lage sind, die den afrikanischen Kontinent bewohnen und im Schnitt weniger als eine Erde an Ressourcen beanspruchen. Selbst wenn ich mich auf den Bedarf einer Erde reduzierte und damit quasi in Einklang mit der Natur lebte, muss nur ein weiterer Mensch in Deutschland geboren werden, um meine Bemühungen zunichte zu machen. Eins plus 3,2 ist gleich 4,2. Das macht einen Schnitt von 2,1 Erden pro Person. Reicht nicht!

Der junge Mensch gibt dann bald sein Taschengeld für Einwegplastikflaschen am Schulkiosk aus und trinkt die schwarze Zuckerbrühe neben den Rauchern stehend heimlich hinter dem Physikbau.

Natürlich erreiche ich als Blogger, Netzwerker und auch über Vorträge mehr Menschen als nur jenen zweifelnden Einzelnen. Sagen wir, dass es fünf Menschen pro Vortrag wären, die ihren Lebensstandard auf einen Ressourcenbedarf von einer Erde reduzierten, dann glichen sie ein durchschnittlich bedürftiges Neugeborenes in Deutschland zumindest großzügig kaufmännisch abgerundet aus. Leider ist Deutschland keine Insel. Emigrierte der Säugling nach der Geburt in die USA, mit ihrem Ressourcenbedarf von fünf Erden, wäre auch dann alles für die Füße. Selbst ohne die Auswanderung wird es mathematisch kritisch. Es werden täglich über 2.100 Kinder in Deutschland geboren. Durch die Vorträge und Workshops aller Ökos in der Republik müssten folglich täglich über zehntausend Menschen erreicht und zum Ressourcensparen bewegt werden. Spätestens jetzt müsste ich eigentlich das Handtuch werfen! Peace Out! Ich bin raus und gehe mit meiner PET-Flasche in der einen und einem Schnitzelbrötchen zu einem Euro in der anderen Hand zu den Kids hinter dem Physikbau.

Kürzlich unterhielt ich mich mit einem Freund und gestand, dass ich manchmal skeptisch bin, ob ich überhaupt genug mache – gerade in Anbetracht all der Menschen, die immer wieder unsicher sind, was sie überhaupt alleine ausrichten können. Seine Worte verblüfften mich. Ob ich eigentlich wisse, was ich bereits bewegt habe, fragte er? Er selbst habe sein Leben völlig umgekrempelt und mindestens acht seiner eigenen Freunde hätten es ihm nachgetan. Alles meinetwegen und der Dinge wegen, die ich vorgelebt hätte.

Vielleicht muss die Frage, was der Einzelne erreichen kann, umgestellt werden und sollte lauten, wen der Einzelne erreichen kann. Nämlich Familie, Freunde und Bekannte. Mit Ideen, mit dem, was man vorlebt, mit dem, was vielleicht in einem Vortrag, in einem Workshop oder auch in einem Blog oder auf Youtube gesehen wurde.

Wenn jeder den guten Willen an fünf Menschen weiterträgt und sie inspiriert, werden aus den fünf in der zweiten Ebene schon 25, in der dritten 125, und in der fünften Ebene haben wir schon eineinhalb Tage voll in Deutschland Neugeborener ausgeglichen. Irgendwann ist dann die nötige Menge Mitmachender erreicht, und es braucht gar keine Einzelimpulse mehr. Dann haben wir eine Bewegung, und die führt in Richtung eines angemessenen Umgangs mit unserem Planeten. Wer sagt, Reden sei Silber und Schweigen Gold, muss zwingend bedenken, dass auch diese Edelmetalle endliche Ressourcen darstellen. „Tue Gutes und rede darüber!" ist die Formel.

PLATZ-
MANGEL

Wenn ich in meinen Kühlschrank schaue, sehe ich darin ... nichts. Ich nutze keinen. Insofern ist es nicht verwunderlich. Ich kenne jedoch einen, in dem man nach dem Öffnen ebenfalls nichts sieht. Die Lampe funktioniert. Das erkennt man an dem hilflosen Glimmen, das hinter diversen dicht gereihten Sahnepäckchen gerne zur vollen Entfaltung käme. Schaut man sich die Mindesthaltbarkeitsdaten (MHD) des Kühlguts an, stellt man fest, dass da jemand offensichtlich auch vor drei Jahren schon ein großer Liebhaber von Schmelzkäse mit Schinkengeschmack war. Kürzlich hörte ich: „Bis zum MHD kann man alles essen, danach: Tot!“ Das ist leider oft die Devise. Einmal im Jahr wird aufgeräumt, die Hälfte dessen, was im Kühlen auf seinen verdienten Verzehr gewartet hatte, dem Restmüll übereignet und so Platz geschaffen für Neueinkäufe, die den sodann zwangläufig in die weniger beleuchteten Ecken gedrängten Lebensmitteln eine ähnliche Zukunft bescheren.

Dabei ist das MHD doch nur ein Garantie- und kein Verfallsdatum. Wir können doch sensorisch testen. Hat es einen Pelz und schnurrt nicht beim Streicheln, wegwerfen! Riecht es komisch und geht auf sanftes Drängen nicht duschen, wegwerfen! Und zuletzt bleibt noch die Zunge zum Test. Bitzelt sie oder signalisiert auf andere Art, dass das Bäh! ist, dann wegwerfen. In den meisten Fällen wird man überrascht sein, was noch alles verzehrbar ist, obwohl das MHD länger zurückliegt als der eigene

Geburtstag. Wenn der WWF in seiner mittlerweile drei Jahre alten Studie „Das große Wegschmeißen“ davon ausgeht, dass zehn der insgesamt achtzehn Millionen Tonnen Lebensmittelverluste vermeidbar sind, meint er – neben organisatorischen Veränderungen, die verhindern, dass sich das Licht im Kühlschrank überhaupt so stark verdunkeln kann – genau so etwas. 39 % der Lebensmittel, die unnötig weggeworfen werden, gehen zulasten der Endverbraucher. In Anbetracht einer knappen Milliarde Hungernder weltweit, kann ich es nur traurig nennen, dass hierzulade die Hälfte der produzierten Lebensmittel auf dem Müll landet. Insbesondere wenn man bedenkt, dass ein Viertel der weltweit weggeworfenen Lebensmittel in der Lage wäre, den Welthunger sofort zu beenden.

Meiner Mutter sagte ich als Kind nach der xten Ermahnung, dass ich nicht aufäße, während die Kinder in Afrika hungerten, dass sie meine Reste gerne nach dort senden könne. Half nichts: ich musste trotz fehlender Paketmarken aufessen. Dennoch ist natürlich etwas Wahres dran. Was helfen unsere Reste? Die Frage ist, wie können wir Reste vermeiden? Durch ein Einkaufverhalten, das keine Reste produziert! Was nicht gekauft wird, muss nicht hergestellt werden. Und in Anbetracht der Tatsache, dass Europa bereits zu 40 Prozent Lebensmittel bezieht, die nicht auf europäischem Boden wachsen, lässt sich folgendes schließen: Vielleicht stehen die Böden dann wieder den Hungernden zur Verfügung. Weitere 19 %

entstehen beim Großverbraucher, was ich als Apell verstehe, im Restaurant keine Reste zu lassen oder sie zumindest mitzunehmen. Gut, wer mich kennt – ich bin als Buffetfräse gefürchtet –, weiß, dass ich dem Motto: „Keine Gefangenen!“ folgte, wenn es um Essen geht. Der Rest steht in der Verantwortung von Produktion und Handel (Ernte-, Nachernte- und Prozessverluste sowie Verteilungsverluste im Groß- und Einzelhandel). Dass da weniger verkommt, dafür sorgen „Die Tafeln“ oder Organisationen wie „Foodsharing“. Letztgenannte finden sich in der Wetterau noch nicht. Aber, wer weiß, vielleicht finden sich ja ambitionierte Foodsaver nach dem Lesen der Kolumne.

DAS VEGANIS-TISCHE MANIFEST

Karl Marx sah die gesellschaftlichen Systeme als einander ablösend an. Dem Kapitalismus, war er sich sicher, müsse der Kommunismus folgen. Er erkannte ihn als ausbeuterische Wurzel vieler negativer gesellschaftlicher Phänomene. Mit dem Veganismus ist das ähnlich. Die weltweite Tierhaltung in Massen trägt zu klimatischen Veränderungen durch Klimagasausstöße bei. Ähnliches bewirkt die Abholzung von Regenwäldern zur Gewinnung von Tierfutteranbauflächen. Gerade die Intensivtierhaltung ist immer wieder Quelle für Schlagzeilen, bei denen Tierfreunde regelmäßig, häufig leider nur bis zum nächsten Sonderangebot, dem Fleisch abschwören. Sie fördert die Entstehung multiresistenter Keime durch präventive und leichtfertige Verwendung von Antibiotika, und von der Nitratbelastung unserer Grundwässer, für die uns die EU erst kürzlich abgestraft hat, will ich gar nicht erst sprechen. Auch der immense Fleischkonsum ist offenbar eine solche Wurzel.

Marx hatte unrecht. Der Kommunismus hat den Kapitalismus nicht abgelöst. Er expandiert weiter. Und wird es vermutlich, bis die Ressourcen, die sein Fundament darstellen, erschöpft sind. Wird sein veganistisches Pendant Recht behalten? Was passiert, wenn jener, nennen wir ihn Karl Varx, dieselbe Ansicht verfolgt. Wir haben eine Parallelentwicklung. In den meisten Supermärkten gibt es als vegan ausgezeichnete Produkte. Selbst in kleinstädtischen Restaurants wird man nicht mehr fragend angeschaut, bestellt man sich etwas ohne tierische

Produkte. Oftmals gibt es sogar extra ausgewiesene Gerichte. Kleine vegane Kommunen, quasi. Der überzeugte Varxist würde vermutlich gar nicht in einen Supermarkt gehen und ihn schon alleine deshalb boykottieren, weil er sich noch immer am Tierleid bereichert. Doch ist es angemessen, einen moralischen Strick für neunzig Prozent unserer bundesdeutschen Bevölkerung zu knoten. Darf ich es mir anmaßen, über die Ernährung anderer zu urteilen? Ich selbst habe mich erst vor wenigen Jahren zu dem Schritt entschlossen. Wie kann ich es mir da erlauben, andere dafür zu kritisieren, dass sie den langen Weg, den ich bis dahin ging, noch nicht entdeckt haben oder ihn zumindest noch nicht bis ans Ende gegangen sind? Das ist ein wenig wie seinen Ferrari vortags gegen ein Fahrrad zu tauschen und heute einen Porschefahrer dafür anzupöbeln, eine solche Spritschleuder zu fahren. Ist Veganismus die Ernährungsform der Zukunft, die den Tierkonsum ablöst? Vielleicht! Aber den Massenkonsum abzulösen, wäre ein gutes Zwischenziel, das eine Parallelexistenz nicht einmal ausschlösse. Die Parallele zum expansive Kapitalismus aus Marx' Augen wäre dann zumindest genommen.

„Fleisch ist Mord", ist der falsche Slogan, wenn man Verständnis wecken will, wenn man nicht spalten, sondern vereinen will. „Fleischkonsum hat Konsequenzen", wäre da ein guter Weg, Aufklärungsarbeit zu leisten.

Kürzlich war der erste weltweite, vierundzwanzig

Stunden dauernde „Cube Of Truth“. Über eintausend Aktivisten aus mehr als vierzig Ländern kamen am Berliner Alexanderplatz zusammen, stellten sich im Viereck mit Aufklärungsvideos auf Laptops zusammen – daher der Name Cube – und tauschten sich mit Passanten über die Folgen des Fleischkonsums für Mensch, Tier und Natur aus, ohne anzuklagen und mit dem Ziel, einen positiven Dialog zu realisieren. Über dreieinhalbtausend Gespräche führten sie am Ende. Wer weiß, in was für einer Welt wir heute lebten, wenn es diese Dialogidee im Jahr 1848 schon gegeben hätte? Oder Marx kein Fleisch gegessen hätte?

MINI-
MIZE ME

Ich finde die Minimalistenszene spannend: Menschen, die sich nicht nur dem Konsum gegenüber kritisch sind, sondern auch solche, die versuchen, mit möglichst wenig Besitz auszukommen, finden sich dort. Ich selbst rechne mich dazu. Was das Ziel ist, das muss jeder für sich selbst herausfinden. Ich persönlich bin minimalistisch, was meinen Müll anbelangt, und versuche minimalistisch zu sein, was meinen Energieverbrauch und meinen Besitz angeht, besonders was meine Kleidung anbelangt. Letztgenanntes ist tatsächlich gar nicht so einfach. Schon mehrfach habe ich Kisten mit Kleidung zum Roten Kreuz gebracht, doch noch immer fülle ich mehr als zwei Doppelschränke. Es sammelt sich halt so einiges im Laufe der Jahre an. Warum reduzieren, mag man sich nun fragen. Die Antwort ist einfach: Jedes ungetragene Kleidungsstück ist ein doppelt produziertes. Ein anderer könnte es tragen, wenn es nicht in meinem Schrank hinge, statt eines neu zu kaufen. Und falls es niemand tragen wollte – schließlich hängt es nicht ohne Grund ungetragen dort – könnte es zumindest weiterverarbeitet werden. Fußmatten werden häufig daraus. Dann kann endlich wieder jemand ernsthaft sagen, er stünde auf meine Kleidung.

Dasselbe gilt letztlich für alles Ungenutzte im Haus: Das alte Handy, das du nur aufhebst, weil das neue ja mal kaputt gehen könnte, die ungenutzte Küchenmaschine, die die Küchenarbeit so einfach macht, das noble Kaffeeservice, das du nur aufhebst, falls die Schenkenden – Tante

Emma und Onkel Egon –, mal zu Besuch sind. Doch ehrlich: Wenn das Smartphone runterfällt, wirst du nicht zum letzten Handy zurückkehren, die Küchenmaschine bleibt ungenutzt, denn den Kuchenteig hast du schneller mit dem Handrührgerät zubereitet, und auch Emma und Egon werden nicht kommen, denn weder magst du die beiden, noch mögen sie deinen Kuchen. Also weg damit (mit den Geräten, nicht den Verwandten) und entweder jemandem anbieten, der sie auch nutzen würde, oder gleich damit zum Wertstoffhof, wo die Rohstoffe recycelt werden können. Selbst wenn es nichts zu recyceln gäbe, wäre die thermische Verwertung zur Energiegewinnung viel sinnvoller, als all diese Dinge ungenutzt in Schränke zu sperren. Die Befreiung vom Überfluss bedeutet auch, sich selbst seelisch zu befreien. Wie oft stehen wir vor unaufgeräumten Schränken mit ungenutzten Dingen und sagen uns: Man müsste mal…! Man müsste mal aufräumen, müsste mal ausmisten oder müsste all das mal wieder nutzen. Weg mit allem, was wir ein Jahr nicht mehr in der Hand hatten. Und dann auch gleich weg mit dem leeren Schrank. Ein Möbel weniger, das wir abstauben müssen, und ein Quäntchen Zeit mehr, die wir sinnvoller verbringen können.

In einem Minimalistenforum las ich kürzlich, dass viele sogar auf ihr Bett verzichten. Sie haben oft eine dünne Rollmatratze und schlafen auf dem Wohnzimmerboden. Zuerst erschloss sich mir die Sinnhaftigkeit nicht. Ich dachte mir: Was mache ich dann mit meinem leeren

Schlafzimmer? Die Antwort kam Sekunden später von selbst. Ich würde es abschaffen. Ein Zimmer weniger zu mieten, weniger zu bezahlen, zu beheizen, zu putzen. Wer mit einer Matratze, die tagsüber einfach zur Seite gestellt ist, auskommt, spart Geld, Energie und Zeit. In meinem Fall bedeutet es allerdings auch, drei Kleiderschränke leeren zu müssen. Ich könnte natürlich auch einfach die Schranktüren abmontieren und von dem ansonsten möbellosen ehemaligen Schlafzimmer behaupten, es sei ein begehbarer Kleiderschrank. Ganz der Minimalist, der Herr Arnold!

GE-
FILLTE
FISCH
GEFÄL-
LIG?

Vor einiger Zeit las ich, dass die Müllbelastung an den deutschen Küsten besorgniserregend sei. Ist sie das nicht weltweit? Fünf große Plastikmüllstrudel in den Weltmeeren, der größte davon, der „great pacific garbage patch“ so groß wie Mitteleuropa. Da hilft es auch nicht, die Größenverhältnisse schön zu rechen. Es stimmt zwar, dass 140 Millionen Tonnen Plastikmüll von den Weltmeeren auf das Usa-Wellenbad umgerechnet nur ein bis zwei Teilchen pro Schwimmbecken sind, aber was hilft das dem Strand? In unserem Stadtbad gibt es Filter, und der Müll verschwindet. Am Meer filtert der Sandstrand, und der Müll bleibt am Strand. Das sind dann 389 Müllteile pro 100 Meter Küstenlinie allein an den deutschen Küsten. Wir schimpfen über die Anreinerstaaten der südasiatischen Meere, denn die waren immer öfter mal wegen verschmutzter Strände in den Nachrichten. „Ja, ja, die da drüben, die haben‘s nicht so mit der Müllentsorgung!“, hört man sich dann sagen, während man ruhigen Gewissens seine Chipstüte öffnet und ein Schlückchen Cola aus der PET-Flasche trinkt. „Wir recyceln ja! Und an die Nordsee müssen wir ja nicht. Wir fliegen im Urlaub nach Ägypten! Da sind die Strände sauber!“ Stimmt!

Sind sie aber nur, weil allmorgendlich große Räumfahrzeuge verkehren, die den Sandstrand filtern. Ein Bisschen wie im Usa-Wellenbad, nur im großen Stil. Danach muss man schon genau hinschauen, um festzustellen, dass der Sand schon längst eine untrennbar gewordene Mischung aus Silicium und Plastikkügelchen geworden ist. Plastik baut sich erst nach Hunderten von Jahren ab, aber immerhin wird es Jahr für Jahr kleiner, während es im Meer der Witterung und der Reibung ausgesetzt ist. So klein, dass es sich vom Sandkorn in der Größe nicht mehr unterscheidet, und so klein, dass Fische es nicht mehr von Plankton unterscheiden können. Wäre es also eine Lösung, mehr Fisch zu essen? Dann käme das Plastik zu uns zurück. „Return to sender!", singt da der Friedberger und Bad Nauheimer in Erinnerung an den King. Wenn man den Müll an unseren Stränden auf die Herkunft untersuchte, würde man vermutlich feststellen, dass ein Großteil davon nicht durch den Wind vom Festland eingetragen oder durch die Nord- und Ostseeschifffahrt eingebracht wurde, sondern vermutlich auch schon in Ägypten am Strand gelegen hat - vor den Räumfahrzeugen und uns quasi.

Ein weiterer Teil wird aus Indonesien stammen, wo es den schmutzigsten Fluss der Welt gibt, oder war zuvor zu Besuch auf der Insel Henderson, nahe Neuseeland, die es mit 38 Millionen Plastikteilen zum Titel der verschmutztesten Insel der Welt brachte, bevor die Reise mit Wind und Wasser weiterging. Auf den unbewohnten Inseln gibt es halt kein Interesse an Räumfahrzeugen. Es liegt ja auch niemand an den Stränden. Bis auf die Tiere der Insel natürlich, aber die haben sich bislang noch nicht beschwert. Was bedeutet das für uns? Wir können nicht so viel Fisch essen, dass das ganze Plastik wieder aus den

Meeren herauskommt. Insbesondere weil jährlich 13 Millionen Tonnen Plastikmüll hinzukommen und die Fischbestände ohnehin immer stärker schrumpfen. Was geht es uns an, wenn wir doch unseren Müll recyceln? Viel! Wenn die großen Industrienationen ihre Innovationskraft nutzen, um den Konsumentenwunsch nach mehr Verpackungsfreiheit zu erfüllen, werden diese Techniken sich weltweit etablieren. Ich persönlich mag keinen gefillten Fisch, und das sagt nicht der Veganer, sondern der Mensch, der will, dass auch seine Enkelkinder keinen Plastikfisch essen müssen.

ÜBER ALLES, NUR NICHT KLIMA-WANDEL

Ich möchte nicht über den Klimawandel schreiben. Es ist viel zu heiß. Lieber schreibe ich über Ernährung. Rein pflanzliche, versteht sich. Rund zwei Drittel aller vom Menschen genutzten Flächen dienen der Tierhaltung. Wussten sie das? Beginnend mit dem Anbau von Futtermitteln – 40 Prozent der Weltgetreideernte und 85 Prozent der Sojaernte gehen an Nutztiere –, endend mit dem Flächenverbrauch für die Tierhaltung. Bei der Recherche fiel mir ins Auge, dass landwirtschaftlich genutzte Flächen weit weniger CO2 aus der Atmosphäre binden als die natürliche Vegetation. Rund sieben Kilo pflanzliches Protein benötigen wir im Schnitt, um ein Kilogramm tierisches Protein zu erhalten. Die nötigen Anbauflächen bringen einen extremen Flächenverbrauch mit sich, um überwiegend eine Geschmacksfrage zu befriedigen.

Eine Studie von Schmidinger und Kollegen, bereits 2012 im International Journal of Life Cycle Assessment veröffentlicht, kam zum Ergebnis, dass beispielsweise brasilianisches Rindfleisch unter Einberechnung des Flächenverbrauchs gut 25mal klimaschädlicher ist, als bisher angenommen. Eine niederländische Studie kam drei Jahre zuvor zu dem Ergebnis, dass wir uns bis zum Jahr 2050 80 Prozent der Klimastabilisierungskosten - 32 Billionen US-Dollar - sparen könnten, wenn wir auf die Nutztierhaltung verzichteten. Oh, jetzt schreibe ich doch über das Klima. Möchte ich nicht. Ich habe gerade 33 Grad Celsius in meiner Dachgeschosswohnung. Dann schreibe ich eben über ökologische Ernährung, wenn die Ernährung mit Fleisch offenbar doch ein Klimathema ist. Die ist zwar etwas teurer, aber dadurch, dass ich am Tierischen spare, kann ich mir das wie jede und jeder andere auch leisten. Wussten Sie, dass rund 80 Prozent der Lachgas-Emissionen in Deutschland aus der Landwirtschaft stammen? Sie war nach Daten des Umweltbundesamtes im Jahr 2016 mit einem Anteil 7,2 Prozent der zweitgrößte Verursacher von Treibhausgasen. Das Lachgas stammt aus der Verwendung mineralischer Stickstoffdünger und Wirtschaftsdünger, die beim ökologischen Landbau keinen Einsatz finden. Bio-Lebensmittel sind daher deutlich klimafreundlicher. Ein Kilogramm Kartoffeln aus konventionellem Anbau trägt nach Rahmann und Kollegen, „Klimarelevanz des ökologischen Landbaus – Stand des Wissens", Agriculture and Forestry Research 1/2 2008, 197 g CO2-Äquivalente in die Klimabilanz ein, ein Kilogramm aus ökologischem nur 136 g (-31 %); ein Kilogramm konventionelles Rindfleisch übrigens 13.303 g und ökologisches 11.371 g – unter Einberechnung des Landverbrauchs vermutlich sogar das Doppelte. Jetzt bin ich ja schon wieder beim Klima.

Die Sonne schlägt ganz schon aufs Hirn. Ich sollte mich in den Flieger setzen und ins Kühle Island flüchten. Die Lufthansa bietet glücklicherweise vegane Mahlzeiten an und hat vor einigen Jahren als erste Fluggesellschaft weltweit den Einsatz von Biotreibstoff im regulären Flugbetrieb erprobt. Nach Daten des Umweltbundesamtes emittiert eine Flugreise übrigens 214 g Treibhausgase pro Personenkilometer (Reisebus: 32 g, Fernverkehr/Bahn: 37 g; PKW: 140 g). Wussten Sie das? Bis nach Reykjavik sind es 3.250 Kilometer und damit 695,5 Kilogramm CO2-Äquivalente pro Person. Das ist so viel wie bei 26 Kilogramm konventionellem Rindfleisch oder fünf Tonnen Kartoffeln aus ökologischem Anbau freigesetzt wird. Vielleicht bleibe ich doch lieber zuhause, esse entspannt eine fleischlose Bio-Gemüse-Mahlzeit und schreibe etwas über das Klima. Einfacher geht es wohl nicht, etwas fürs Klima zu tun.

ZWI-
SCHEN
PEST UND
CHOLERA

Ich bin unter die Onlineshopbetreiber gegangen und biete mein Kinderbuch als signierte Ausgabe über eine eigene Homepage an. Und damit beginnt das Dilemma: Wie versenden? Luftpolsterfolie? Aber halt! Als Plastikmüllvermeider eine Umverpackung aus Plastik wählen? Das geht doch nicht! Ein Papierumschlag? Er würde das Buch während des Transportes nicht ausreichend schützen. Ich möchte, dass es in unversehrtem Zustand bei meinen jungen Leserinnen und Lesern ankommt. Wer kann schon die Vorstellung tränengefüllter Kinderaugen ertragen?

Ein Versandumschlag aus dicker Pappe, ähnlich wie sie der große Versandhändler mit A benutzt? Großartig, dachte ich. Problem mit dem Kunststoff gelöst. Dann entsann ich mich der Debatte um die Umweltfreundlichkeit von Papier- im Vergleich zu Plastiktüten.

Bereits vor drei Jahren hatte Bayern 1 seinen Umweltkommissar ermitteln lassen, dass die Herstellung von Papier fast doppelt so viel Energie benötigt. Hinzu kommt, dass die Luftpolsterfolie durch Lufteinschlüsse im Plastik schützt, während die Pappe ihren Schutz durch ein Plus an Material realisiert. Dadurch wird sie ein Vielfaches schwerer, und das Mehr an Gewicht, bedeutet ein Mehr an Kraftstoff für den Postversand. Nicht nur, dass die Produktion der Pappe also energieintensiver ist, gerade der Versand macht die Ökobilanz so schlecht. Was tun?

Ein wenig Plastik, das aber Jahrhunderte braucht, um zu

verrotten, und fossile Ressourcen verschwendet, oder Papier und Pappe, die ein Vielfaches an Energie verbrauchen und damit deutlich mehr CO2 in die Atmosphäre geben?

Ich erinnerte mich an die Worte eines Chemikers während einer Podiumsdiskussion, der Plastik als „festes Erdöl“ bezeichnete und sich dafür aussprach, es grundsätzlich thermisch zu verwerten. Sein Argument: Solange wir ohnehin noch Erdöl zur Energiegewinnung nutzen, ist es energetisch günstiger, es zu verbrennen, als es zu recyceln. Kann ich also doch etwas Plastik in Kauf nehmen? Kurz vor der Entscheidung für die Luftpolsterfolie, traf ich mich mit einer befreundeten Biologin. Was, wenn der Hersteller der Pappe seinen Strom aus regenerativen Quellen bezieht, warf sie ein, und nicht zu 40 Porzent aus Kohle, wie es derzeit im Bundesgebiet der Fall ist? Immerhin ist der Anteil erneuerbarer Energien bei der Stromerzeugung in den letzten fünf Jahren kontinuierlich von 23,5 auf 36,2 Prozent gestiegen. Die regenerativen haben im Jahr 2017 für die Vermeidung von 138 Mio. Tonnen CO2-Äquivalenten gesorgt, indem sie die klimaschädlichen Quellen verringert haben. Die Gewinnung einer Kilowattstunde Strom aus Braunkohle setzt 980 bis 1.230 g CO2-Äquivalente frei, Wasser- und Windkraft nur zwischen vier und 16 Gramm. Wenn ich also einen Hersteller fände, der seine Pappe mit Wind- und Wasserkraft herstellt, verringerte sich der Nachteil durch den doppelt so hohen Energieverbrauch bei der Produktion auf gut ein Fünfundzwanzigstel der Produktionskosten des Luftpolsterfolienherstellers. Allerdings ist die Pappe zehnmal schwerer – sie wäre also nur zweieinhalbmal weniger CO2-intensiv. Immerhin! Allerdings bedeutete das auch, dass das Postauto mit einem Elektromotor ausgestattet sein müsste, der mit erneuerbaren Energien gespeist werden müsste. Währenddessen müsste der Hersteller der Luftpolsterfolie den Standardstrommix beziehen und auf Postfahrzeuge mit Verbrennungsmotor bestehen. Himmel, es könnte so einfach sein! Vielleicht mache ich einfach eine Buchhandlung auf. Mit nur einem Buch. Das aber mit Signatur. Und auf Ökopapier!

FRUGA-
LER,
FRUGA-
NER, FRU-
WAS?

Frugalismus - dieses Wort hörte ich letzten Montag das erste Mal. Eine Erstbesucherin meines monatlichen Alternativen Stammtisch hatte es fallen gelassen, und ich konnte es nicht abwarten, mich nach Beendigung meiner eigenen Dialoge über Postökonomismus und Konsumismus in das Gespräch einzuschalten. Unmittelbar zuvor war das Wort Minimalismus in den Gesprächsfetzen gefallen, die ich vom anderen Ende des Tischs wahrgenommen hatte, und damit kenne ich mich immerhin aus.

Frugalismus? Ich dachte zunächst an Fruganismus, also an jene Ernährungsform, deren Anhänger sich nur den Verzehr von Früchten erlauben, bei deren Ernte die Pflanze nicht stirbt – Mahatma Ghandi war zeitweise einer von ihnen. Tatsächlich war ich mit Ghandi nah dran. Der Friedensnobelpreisträger versuchte sein Leben so anspruchslos wie möglich zu gestalteten, um sich voll seinen politischen Aktivitäten widmen zu können. Frugalisten leben ebenfalls einfach, doch mit anderer Zielsetzung: Sich weit vor dem 67. Lebensjahr in Rente zu begeben. Mein erster Impuls erwies sich allerdings auch wörtlich als nicht weit hergeholt. Frugal bedeutet schlicht, sparsam, einfach. Es entstammt dem lateinischen frūgālis (von den Früchten stammend) und beschrieb ursprünglich ein einfaches Mahl, wie beispielsweise einen Getreidebrei, dessen Einfachheit zum Sinnbild des heutigen Bedeutungssinnes wurde.

Frugalisten reduzieren ihre Kosten, indem sie einsparen, was nicht unbedingt nötig ist, und anderes optimieren – leihen oder gebraucht, statt neu kaufen, selbst machen, statt machen lassen. Der deutsche Name Frugalismus geht auf den Blogger Oliver Noelting zurück, der eine Begrifflichkeit für die aus den USA stammende Bewegung finden musste. Dort geht sie auf den im Jahr 2005 bereits mit 30 Jahren in Ruhestand gegangenen Blogger Peter Adeney zurück, der über seinen Weg auf seinem Blog Mr. Money Mustache berichtet und seine Anhänger sich daher Mustachians nennen. Zehn Jahre später startete Noelting sein Blog, das er „Frugalisten", also „Die Sparsamen", nannte – eine sachliche, aber auch bessere Wahl als die direkte Übersetzung: Oberlippenbärtige.

Der Frugalismus versteht sich als Bewegung, die sich minimalistischer Mittel bedient, um eine genügsame Form der finanziellen Unabhängigkeit von der Erwerbstätigkeit zu erreichen: Spare so viel Geld, wie es dir möglich ist, und lege es in Aktien, Anleihen oder Immobilien an, von denen du weit vor Erreichen des Rentenalters sparsam, aber gut leben kannst. Sein Blog ist sehr lesenswert und inspirierend, und hat in mir das Interesse geweckt, zumindest einmal mit seinem Ausgabenbuch zu experimentieren, das er als Grundlage vieler Berechnungen zur Verfügung stellt. Ich bin gespannt, wie viel Ansparpotential bei meiner Lebensweise noch gegeben ist.

Mr. Frugalist spart ca. siebzig Prozent seines Einkommens an. Das ist gewaltig, und den Bildern des Blogs zufolge scheint er nicht unglücklich zu sein. Mit 40 möchte der heute 29-jährige in Rente gehen. Das kann ich durch Fristüberschreitung nicht mehr, wäre aber auch nicht mein Ziel. Ich habe das Glück, einen Job zu haben, der mir Spaß macht, und mir auf anderen Wegen die Freiräume geschaffen, um mich selbst zu verwirklichen und ausreichend Freizeit zu haben. Aber vielleicht kann ich mit seinen Methoden noch das eine oder andere Einsparpotential entdecken, um meinen Reduktionismus voranzutreiben. Oder meinen Nonkonsumismus. Verwirrend? Ich weiß! Aber wer soll bei so vielen -ismen in diesem Text den Überblick behalten?

RICHTIG GUMMI GEBEN!

Als das Fraunhofer-Institut kürzlich seine Studie „Kunststoffe in der Umwelt: Mikro- und Makroplastik“ publizierte, ging mir der Spruch „Das wird man ja wohl noch fahren dürfen!“ durch den Kopf, denn in ihr war zu lesen, dass der größte Verursacher von Mikroplastik-Emissionen in die Umwelt der Straßenverkehr ist. Zu einem Viertel trägt er zu den Gesamtemissionen bei, die immerhin bei 446.000 Tonnen jährlich liegen. Und das ist nur die Zahl für Deutschland. Wir sind zwar Erstligist im Mülltrennen, aber eben leider auch im Produzieren. Nur dachte ich ganz blauäugig, wir kontrollierten das ganz gut durch stoffliche oder thermische Verwertung – immerhin verwenden wir 45 Prozent des Plastikmülls für neue Produkte und gewinnen aus 53 % Energie. Tatsächlich entziehen sich zahlreiche Emissionsverursacher unserem Zugriff – wir nehmen sie nicht einmal als Müll wahr.

Ganz vorne ist der Reifenabrieb im Straßenverkehr. Selbst der Abrieb von Schuhsohlen liegt weit vorne, ganze zehn Plätze vor der Einbringung von Mikroplastik aus der Kosmetik in die Umwelt, das Platz 17 belegt. Dieses Ranking hat mich neben dem Gesamtvolumen dann doch sehr schockiert, obwohl ich mich seit fünf Jahren intensiv mit der Materie beschäftige. Das Automobil also mal wieder, genauer: der PKW, trägt das meiste Mikroplastik ein – über 80 Prozent des emittierten Gesamtreifenabriebs. Als wenn es nicht schon reichen würde, dass der Straßenverkehr für gut 18 Prozent der Treibhausgasemissionen Deutschlands verantwortlich ist, jetzt muss er auch noch für die Mikroplastikvermüllung der Meere herhalten. „Ich habe doch kein Amphibienfahrzeug!“, rufen Sie jetzt vermutlich erleichtert. Leider ist das unerheblich. Das Mikroplastik wird vom Regen in unsere Gewässer geschwemmt oder gelangt in die Kanalisation, von wo es in die Kläranlagen geleitet und zwar ausgefiltert wird, dann aber mit dem Klärschlamm zur Düngung auf unseren Feldern landet. Wollen Sie raten, wohin das Mikroplastik beim nächsten Regen gerät? Richtig! Ganz ohne Amphibienfahrzeug über unsere Gewässer ins Meer.

Weltweit gelangen jährlich gut 30 Millionen Tonnen Plastik in die Weltmeere – darunter auch der Abrieb meines kleinen Kia Picanto. Mein Kia, der immer so lieb lächelt, wenn ich ihn auf dem Parkplatz besuche, hat es offenbar faustdick hinter den Ohren. Da steht er nun, brummt in freudiger Erwartung einer gemeinsamen Reise, und ich weiß nicht, wie ich ihm erklären soll, dass seinetwegen Fische Mikroplastik statt Plankton fressen, das wie ein Magnet mit Giften aus dem Meer behaftet ist. Dass seinetwegen Fische mit vollem Magen verhungern oder, aus menschlicher Sicht noch schlimmer, dass eine Portion Muscheln ganze 90 Mikroplastikpartikel gratis mit auf den Teller bringt. „Was kann man denn überhaupt noch ... essen? Fahren?“, rufe ich verzweifelt, und mein

Kia hupt traurig, ohne das Problem zu verstehen. Manchmal brauche ich ein Auto, und es geht nicht mit Bus und Bahn. Ich werde auch weiterhin zum Teil für Plastikmalzeiten von Fisch und Mensch verantwortlich sein. Beim nächsten Reifenkauf werde ich in jedem Fall einen hochwertigen kaufen, der sich nur langsam abnutzt - vielleicht kommt es ja bis dahin, das Reifen-Label, das auch den Abrieb betrachtet. Natürlich werde ich weiterhin so oft den ÖPNV nehmen, wie es mir möglich ist, und wenn das alles nicht reicht, gehe ich eben nicht nur im Sommer, sondern zu allen Jahreszeiten barfuß. Mikroplastik in Kosmetik ist da leichter zu vermeiden. Und ohne dass man dabei friert.

HUNDE-
MAST-
AUTOS

Der leider viel zu früh verstorbene Terry Pratchett hat geschrieben, die Menschheit sei nur 24 Stunden und eine Mahlzeit von der Barbarei entfernt. Stimmt das? Jüngst wies das Oberlandesgericht Stuttgart die Revision eines Tierschützers zurück, der sich zur Videodokumentation unhaltbarer Zustände unberechtigt Zutritt zu einer Mastanlage verschaffen hatte. Er muss sich nun wegen Hausfriedensbruch verantworten. Dass die Nothilfe, auf die er sich stützte, nicht auf Tiere in Massentierhaltung anzuwenden sei, ist bereits eine fragwürdige Entscheidung, da sie nicht zeitgemäß ist. Wer die Scheibe eines Autos im Sommer einschlägt, um einen Hund vor dem Hitzetod zu retten, wird nicht wegen Sachbeschädigung belangt. Regelmäßig urteilen die Gerichte auf rechtfertigenden Notstand, um eine fahrlässige Tierquälerei zu unterbrechen, wie es bereits 1995 vom Bayerischen Oberlandesgericht festgestellt wurde.

Eine Massentierhaltung, bei der der später Verurteilte qualvoll verendete Tiere dokumentierte, begründet offenbar keine fahrlässige Tierquälerei. Wem das nicht schon barbarisch genug ist, der sollte sich die Argumentation gegen den rechtfertigenden Notstand auf den Geschmacksknospen der Zunge zergehen lassen. Nach Ansicht des Heilbronner Landgerichts, gegen dessen Urteil der Tierrechtsaktivist Revision eingelegt hatte, liege schon deshalb kein rechtswidriger Angriff auf die Tiere vor, da es „allgemein anerkannt [sei], dass die Mast in Massentierhaltungen nicht artgerecht erfolgen kann" und dass Tieren dabei „auch Schmerzen und Unwohlsein zugefügt“ werde. Massentierhaltung sei „sozial adäquat“, denn es sei „von der Mehrheit gesellschaftlich erwünscht, dass große Mengen an Fleisch günstig angeboten werden“. Das Tierschutzgesetz erlaubt unter anderem, Tieren Schmerzen, Leiden oder Schäden zuzufügen, wenn ein „vernünftiger Grund“ vorliegt. Der Wunsch nach günstigem Fleisch sei ein solcher.

Für mich schmeckt das bereits stark nach Barbarei. Wir sind keine 24 Stunden mehr entfernt. Wenn wir es als vernünftig ansehen, dass Geld Schmerzen, Leiden und Schäden verursacht, dann sind wir mitten drinnen. Und jene Mahlzeit, von der Pratchett spricht, besteht offenbar aus günstigstem Fleisch, dessen ehemalige Eigner wir bereitwillig opfern. Die tatsächlichen Kosten tragen die Tiere, nicht wir. Knapp 60 Kilo Fleisch essen wir im Durchschnitt jährlich. Das sind eine Menge Tiere, die da in einem Menschenleben leiden dürfen, damit nur nicht der Geldbeutel leidet. In einer im Juni veröffentlichten repräsentativen Umfrage des Meinungsforschungsinstituts Emnid begrüßten 82,5 Prozent der Befragten solche Geheimaufnahmen. Muss das nicht auch berücksichtigt werden, wenn der vermeintliche Volkswille, günstiges Fleisch kaufen zu wollen, in das Urteil einbezogen wird? Immerhin 27 Prozent der Deutschen würde mehr Fleisch und Wurst essen, die aus artgerechter Haltung stammen, lautet das Ergebnis einer Umfrage des Marktforschungsunternehmen You-Gov aus dem letzten Jahr. Dennoch liegt der Anteil an Bio-Fleisch, das immerhin im Vergleich zur billigen Massentierhaltung ein Schritt nach vorne wäre, bei unter zwei Prozent Marktanteil. Finde den Fehler!

Möglicherweise müssen wir beginnen, Hundefleisch zu verzehren, damit sich etwas ändert, oder einfach nur riesige Autos bauen, in denen zehntausend Tiere Platz haben, damit wir straffrei Autoscheiben einschlagen und Tiere retten dürfen. Aber immer schön im Geheimen dokumentieren – nicht, dass wir Wunsch und Willen der Mehrheit widersprechen.

ELEKTRI-
KERBÜB-
CHEN-
RECH-
NUNG

Ich bin Minimalist. Zumindest entwickele ich mich dahin. Ich reduziere Elektrogeräte, Kleidung, Bücher, CDs und DVDs, um nicht, dem Drachen Smaug auf seinem Goldschatz gleich, ungenutzte Dinge zu horten, sondern die Ressourcen lieber freizugeben. Das ist sinnvoll, auch meiner selbst wegen. Was ich nicht besitze, verbraucht keine Fläche und muss nicht verwaltet, gepflegt, repariert und ersetzt werden. Ich mache mich unabhängig und gewinne Zeit und Geld. Selbst meinen Energieverbrauch reduziere ich, und gerade die letzten beiden Punkte – Medien und Energie – scheinen allzu leichtfertig unabhängig voneinander bewerten zu werden. Oft lese ich die Empfehlung, Bücher, Musik- und Videospeichermedien aufzugeben und alles elektronisch zu speichern, über Clowd-Computing – also auf einem zentralen Server gespeichert, der jederorts für mich über das Internet verfügbar ist – oder noch besser über Streaming-Dienste. Natürlich sind die Medien, die ich immer wieder gerne nutze, auf einem Rechner gut aufgehoben. Sie binden weder Papier noch Polycarbonat, die recycelt werden könnten, und ich kann hunderte bis tausende von ihnen archivieren, ohne viel Platz zu benötigen.

Der Nachteil: Ich benötige plötzlich sogar Energie, um ein Buch zu lesen. Bislang kosteten mich Bücher keine Energie. Mit einer Ausnahme vielleicht: Ich hatte mal die Biographie von Matthias Effenberg in einem Preisausschreiben gewonnen. Auf dem E-Book gilt aber selbst für die Bio von Edson Arantes do Nascimento, besser bekannt als Pele: Kein Strom, kein Lesevergnügen. Wie schaut es im direkten Vergleich aus? Die Herstellung eines Buchs verursacht rund ein Kilogramm CO2 pro Stück, die Digitalisierung einmalig nur etwa 100 Gramm. Allerdings setzt die Herstellung des E-Book-Readers selbst rund acht Kilogramm CO2 frei. Habe ich schon einen zuhause? Bestens! Muss ich mir extra einen zulegen, wird es knapp. 80 Millionen Bücher werden jährlich in Deutschland verkauft, also nicht einmal eins pro Bürger, für den sich ein E-Book demnach erst nach knapp neun Jahren ökologisch auszuzahlen begänne. Ich zweifele daran, dass ein E-Book-Reader so lange hält.

Bei Musik und Filmen ist es etwas anderes, denn der Verbrauch einer HiFi- oder DVD-Heimkino-Anlage ist vergleichbar mit der eines PCs. Ein Pro-Argument für die heimische Speicherung von Musik- und Filmdaten. Kritisch wird es aber dann, wenn ich den Zugriff vollständig auslagere und über Clowd-Computing oder Streaming-Dienste zugreifen möchte. Dann verbrauche ich nicht nur Energie während der Nutzung, sondern permanent. Meine Daten stehen mir 24 Stunden am Tag zur Verfügung, selbst Filme oder Musik, die ich jahrelang nicht gehört habe, die ihr Dasein im Schrank still, ungehört und ohne Energieverbrauch fristeten. Ja, ich habe eine Modern-Talking-CD – eine Jugendsünde –, und allein die Vorstellung, ich könnte mich verklicken und Geronimos Cadillac plötzlich durch mein Wohnzimmer fahren hören, versetzt mich in Angst und Schrecken. Nicht nur die permanente Verfügbarkeit des Caddys kostet Energie, gerade die Kühlung der Großrechenzentren führt dazu, dass sie jeweils die Energie einer Kleinstadt verbrauchen.

Über 60 Prozent des Internetdatenverkehrs ist jetzt schon durch Streaming verursacht, und Netflix, Amazon und Co. investieren viel, um das noch zu steigern. Ich denke, ich bleibe bei meinen lokalen Speichermedien, und ab und an kann ich ja bei öffentlichen Bücherschränken oder in der Stadtbücherei vorbeischauen. Nicht nur Effenberg und Geronimo wegen.

REICH
IM
ALTER

Zum zweiten Mal in diesem Jahr habe ich meinen Besitz verkleinert und einen ganzen Monat täglich etwas aussortiert. Fast einhundert ungenutzte Dinge habe ich weggegeben können, wie eine in den letzten zwölf Jahren nur fünfmal gespielte E-Gitarre, eine noch nie genutzte Nudelmaschine und zwei von drei Computer-Mäusen. Warum? Weil es erstens sehr befreiend ist, nur noch Dinge zu besitzen, die mindestens einmal im Jahr benutzt werden. Weil zweitens nichts mehr unnütz herumsteht, das Platz wegnimmt und gepflegt werden muss. Weil drittens nichts mehr in meinen Schubladen schläft und Ressourcen bindet. Und zuletzt, weil nichts mehr Kapital frisst. „Kapital?“, höre ich Sie fragen? Sie fragen zurecht. Aber der Reihe nach. Es befreit, sich zu reduzieren. All diese kleinen ungenutzten Dinge sind winzige Baustellen vom Kaliber „Müsste mal diese Schublade aufräumen!“, „Das muss dringend zum Flohmarkt!“ oder „Ob das noch funktioniert?“. All das bindet Kapazitäten im Kopf, die, einmal davon befreit, Raum für neue Gedanken bieten.

Am deutlichsten habe ich das an den Umverpackungen gemerkt, die meine Vormieter auf dem Speicher zurückgelassen hatten, und von mir im Augenwinkel jedes Mal, wenn ich dort oben Wäsche aufhängte, als Ich-müsste-mal-Baustelle wahrgenommen wurden. Seit sie weg sind, gehe ich völlig frei solch negativer Gedanken die Treppe zum Speicher hoch und kann mich voll auf den negativen Gedanken konzentrieren, nun Wäsche aufhängen zu müssen. Durch meine Ausmistemonate dieses Jahr habe ich auf Schränke verzichten und so viele Fächer in den verbliebenen leeren können, dass mehr Übersicht entstanden ist. Ich suche weniger und nun finde mehr. Auch muss ich meine E-Gitarre nicht mehr abstauben. Ebenso wenig wie meine Konzert-Gitarre, denn die spiele ich, sodass sie nicht einstauben kann. Auch bindet nichts mehr Ressourcen: Kabel, die ich aussortiert habe, dienen als Edelmetalllieferant, alte Bücher, die niemand mehr liest, sind wieder im Wertstoffkreislauf und Gebrauchtes, kann anderen dienen, ohne dass Neues gekauft werden muss. Und zuletzt sind die verkauften Dinge keine Kapitalzehrer mehr. Hat mich auch gewundert! Früher dachte ich: Ach, die paar Euro!

Doch das ist zu kurzfristig gedacht. Ich bin in einem Alter, wo ich durchaus über das Erreichen des Rentenalters nachdenken darf. Graue Haare macht mir das nicht, auch wenn sie vereinzelt zu Tage treten. Was ich jedoch heute verkaufen und anlegen kann, wird sich, bis ich 67 bin, vervierfacht haben. Drei Beispiele des Kapitalverzehrs: Meine E-Gitarre habe ich für 160 Euro verkauft. Bis ich in Rente bin sind es 750 Euro. Verkaufe ich sie erst in einigen Jahren, bekomme ich vielleicht nur noch 140 Euro, die ich anlegen kann. Bis ich komplett ergraut bin, werden aus ihnen nur noch 650 Euro. Das Herumliegen hätte also bis dahin 100 Euro meiner Altersvorsorge gefressen. Nicht vorstellbar, wenn ich sie ungenutzt behalten und erst anlässlich meines Renteneintritts vielleicht noch für einen Fünfziger verkaufen würde. Dann hätte sie ganze 700 Euro gefressen. Und das ist nur ein Gegenstand. Im Schnitt besitzen wir 10.000 Dinge. Manche Minimalisten besitzen nur noch Hundert. Man stelle sich vor, was für eine Rentenzeit das werden könnte. Vermutlich müsste ich kein Zimmer im Altenheim beziehen. Ich könnte mir einfach ein Altenheim kaufen. Allerdings räume ich ein, dass ich die meisten Sachen verschenkt habe, und was ich dafür zurückbekommen habe, kann keine noch so hohe Verzinsung bieten: Freudiges Lächeln!

PISA UND IHR EIN- WEGBE- CHER

Der Titel hört sich ein wenig nach einem Jugendbuch an, in dem ein fünfzehnjähriges Mädchen die Hauptrolle spielt, deren Eltern dem Buchstaben P aus unerklärlichen Gründen bei der Namensgebung den Vorzug vor dem L gaben. Vielleicht waren es Lolizeibeamte aus Lotzdam? Wer weiß! Meist tragen die Mädchen in diesen Büchern Reitklamotten, und Ponys spielen die zweite Hauptrolle – „Einwegbecher" ist, nebenbei bemerkt, ein ebenso merkwürdiger Name für ein Reittier wie Pisa für dessen Reiterin. Passt jedoch gut zu den doch offensichtlich sehr originellen Eltern. Tatsächlich geht es um das "Programme for International Student Assessment" der Organisation für wirtschaftliche Zusammenarbeit und Entwicklung, durch das die Leistung von Fünfzehnjährigen alle drei Jahre weltweit getestet wird – auch bekannt unter dem Namen PISA-Studie. 2001 stellte sich heraus, dass ein Fünftel der Fünfzehnjährigen in Deutschland eine Leseleistung auf Grundschulniveau hat. Das hat sich zum Glück gebessert. Inzwischen sind unsere Kids immerhin nahezu auf Durchschnittsniveau.

An dieser Stelle kommt der Einwegbecher ins Spiel und das Pony in den Stall, denn, ja, auch das war nach der pfiffigen Einleitung nur eine umso gewitztere Überleitung, um Sie voller Spannung im Lesefluss zu halten. In Wirklichkeit geht es nämlich nicht nur nicht um Pisa und ihr Pony, sondern noch nicht einmal um die gleichnamige Studie. Es geht um Coffee-to-go. In Deutschland werden jährlich fast 2,8 Milliarden Einweg-Becher hergestellt, für deren Produktion 129.000 Tonnen Papier verbraucht werden. Papier, das offensichtlich, als Lesebuch verwendet, viel sinnvoller zu gebrauchen wäre. Geht man davon aus, dass ein Buch im Schnitt 500 Gramm wiegt, sind das in Summe 260 Millionen Bücher, die auf 11 Millionen Schülerinnen und Schüler verteilt werden könnten. Jeder von ihnen könnte also monatlich zwei Bücher mehr oder überhaupt lesen, wenn wir dafür nur noch Kaffee aus Porzellan- oder Edelstahlbechern tränken. Wäre das nicht toll? Jetzt mag man sich natürlich fragen, wie man eine Schülerin oder einen Schüler zum Lesen bringt. Natürlich mit zusätzlichen Deutschlehrerinnen und Deutschlehrern!

In der Papierindustrie arbeiten 50.000 Menschen. Bei einer jährlichen Produktionsleistung von 22,6 Millionen Tonnen Papier könnten, ohne die Herstellung der Pappbecher, 285 Beschäftige freigesetzt und zu Lehrkräften umgeschult werden. Pro 38.600 Schülern wäre das ein Lehrkörper mehr! Zugegeben, daran krankt die Theorie ein wenig. Aber mal ehrlich: So ein Pappbecher ist doch wirklich das widerwärtigste Gefäß, aus dem man ein so edles Getränk wie Kaffee zu sich nehmen kann. Der erste Schluck schmeckt nach Pappe, und erst wenn die Lippen von der Hitze des Aufgusses betäubt sind, kommt etwas von dem Kaffeearoma durch. Verhindern kann ich beides nur durch einen Plastikdeckel zwischen Lippe und Pappe. Damit schmeckt der erste Schluck, wenn ich Pech habe und der Kaffee-Dealer bei einem günstigen Kunststoffhersteller eingekauft hat, stattdessen nach Plastik und bringt mich zusätzlich zu den über 800 Aromen, die das Geröstete-Bohnen-Heißgetränk mir schenkt, in den zweifelhaften Genuss von Weichmachern, Flammschutzmitteln und anderen gesundheitlich fragwürdigen Stoffen aus dem Kunststoff. Ich wette, Sie stellen sich jetzt zwei Fragen. Die erste ist gewiss, wo sie nun einen guten Kaffee im Mehrwegbecher zu ihrem Buch herbekommen, und die zweite: „Was in aller Welt macht das Pony währenddessen?“ Denken Sie ruhig mal darüber nach!

KAMPF-
ANSAGEN
AN VE-
GANER

Als Veganer ist man oft Zielscheibe. Alle Schießen auf uns – vom Comedian bis zum CSU-Politiker. Warum eigentlich? „Ich lasse mir mein Fleisch nicht wegnehmen!“, ruft da einer aufgebracht. „Ich esse doch gar kein Fleisch!“, antworte ich und verstehe meine Pflanzenwelt nicht mehr. Es folgt der Fingerzeig in die Supermarktregale. Der vegane Lebensmittelsektor ist in den letzten Jahren unübersehbar geworden. Fleischalternativen verzeichnen seit 2008 ein stetes Umsatzplus, kann man auf der Homepage des Vegetarierbundes (VEBU) lesen. Da kann man sich schon bedroht fühlen und die in naher Zukunft zu erwartende Verdrängung des echten Fleischs zu fürchten beginnen. Äthiopien war übrigens in den letzten Jahren das Land mit den größten volkswirtschaftlichen Wachstumsraten. Deren Bruttoinlandsprodukt (BIP) beträgt allerdings auch nur zwei Prozent des unseren. Wo wenig ist, kann viel wachsen. So ist es auch mit den Fleischalternativen im Supermarkt.

Die Gefahr, dass ein Soja-Schnitzel das Rinder-Steak verdrängt, ist in etwa so hoch wie die, dass die äthiopische Exportwirtschaft zu einem Aussterben des deutschen Einzelhandels führt. Dennoch: Überall dort, wo ein Fleischesser genüsslich in sein Steak beißen möchte, sitzt ein Veganer am Tisch und hebt den Zeigefinger wie eine moralische Keule. Statistisch ist das merkwürdig. 1,3 Millionen Veganer gibt es, sagt der VEBU. Das sind gerade einmal eineinhalb Prozent der deutschen Bevölkerung.

Rein mathematisch betrachtet müsste also ein Steaklieb-haber an einer Tafel mit gut 65 Menschen sitzen, damit sich ein ganzer Veganer unter ihnen befindet. Da kommt es sehr stark darauf an, wo der fleischlose Moralist am Tisch platziert ist, damit dessen Zeigefinger überhaupt wahrgenommen wird. Oder es muss ein sehr großer Zeigefinger sein, was bei dem Proteinmangel, unter dem wir strengen Veggies permanent leiden, eher unwahrscheinlich ist. „Fleisch ist ein Stück Lebenskraft", heißt es schließlich, und nicht fleischlos. „Ihr seid undankbar!", schleudert man mir entgegen. „Ohne Fleisch wäre unser Gehirn nie so groß geworden!" Nun, denke ich mir, ohne die Französische Revolution hätten wir vielleicht keine Menschenrechte. Dennoch bin ich davon überzeugt, dass das Guillotinieren von Staatoberhäuptern heutzutage nicht so gut ankäme, selbst wenn ich darauf verwiese, dass ich es ja nur mache, weil wir ohne das heute kein Recht auf körperliche Unversehrtheit und kein Recht auf Leben hätten. Alles in allem entlarvt das, weshalb wir und unsere Ernährung tatsächlich in den Zielfokus von Bühnen- und Wahlprogramme geraten.

Es geht schlichtweg darum, den größtmöglichen Konsens zu erreichen. Etwas gegen Frauen? Die sind statistisch in der Mehrheit. Schlecht! Und man will ja kein Sexist sein! Über Ausländer oder Menschen mit Migrationshintergrund? Ein Viertel der Zuhörer könnte das betreffen. Schlecht! Und man will ja kein Rassist sein! Vegetarier?

Auch gut 10 Prozent. Besser! Doch wer möchte schon jeden zehnten zahlenden Zuhörer oder einen solchen Wähleranteil vergrämen? Jeder 65. Deutsche ist Veganer. Großartig! Angenommen ich hätte einen Auftritt in einem Saal mit hundert Sitzplätzen, dann befänden sich nur eineinhalb Veganer im Publikum – oder sagen wir zwei, da wir ja so dürr sind. 98 Gäste lachen, denken sich: „Ja, ja, diese Baumkuschler!" und freuen sich dankbar über ihr großes Gehirn. 0,45 Prozent der Zuschauer könnten übrigens theoretisch auch Äthiopier sein. Hoffen wir, dass das weder Comedians noch Politiker je merken.

BROT VER-BÖL-LERN

Die Aktion „Brot statt Böller“ ist mittlerweile ein Begriff – immerhin gibt es sie schon seit über 30 Jahren –, und er findet sich inzwischen auch in schlechten Witzen wieder. Wie zum Beispiel in diesem hier: Warum kein „Brot statt Böller“? Weil Brot nicht knallt. Dabei kommt es doch sehr auf die Darreichungsform an. Ein Roggenbrot vielleicht nicht, aus Roggen destillierter Wodka schon. Gerade an Silvester. Seit dem Jahr 2004 steigen die Umsätze mit Feuerwerk nahezu kontinuierlich. 87 Millionen waren es damals. Heute sind es 137 Millionen. Knapp 18 Prozent ihres Jahresumsatzes von rund 1,6 Milliarden Euro machen deutsche Sekthersteller zum Jahreswechsel. Mit Fug und Recht kann man behaupten: Der Deutsche ballert doppelt - mit Ziel Kopf und Firmament.

Auch in der Umwelt ballert‘s: Belastender Feinstaub und Lärm der Haus- und Wildtiere schädigt und jede Menge Aluminium und Plastikkorken von Millionen Sektflaschen. Dahingegen stellt der Jahreswechsel bei „Brot für die Welt“ nicht gerade eine Spitze bei den Spendenzugängen dar. Warum? Nur jeder vierte Deutsche kauft überhaupt Böller für Silvester, der Rest vermutlich nur Sekt. Das sind im Schnitt gut 40 Euro pro Geldbeutel derer, die beides knallen lassen. Jene 75 Prozent, die nicht ballern, spenden jedoch auch nicht mehr als sonst. Vielleicht ist das Hauptproblem gar nicht der Geldbeutel, sondern dass die Freude am Spenden bei einer Überweisung nicht aufkommt. Schenken sorgt nachweislich dafür, dass Dopamin und Endorphin im Gehirn ausgeschüttet werden und die beiden Hormone dafür, dass wir fitter sind, Stress leichter bewältigen und uns glücklich fühlen. Doch wer hat je nach dem Ausfüllen einer Onlineüberweisung gesagt: „Mensch, bin ich glücklich!“ Schenken braucht Kontakt zu anderen Menschen, damit das funktioniert.

Ich selbst habe jüngst eine Tradition wieder aufgelebt und werde am Vorabend zu Silvester mit Freunden Poker spielen. Das Buy-in geht in einen Topf, und der Gewinner darf den Pot einer Organisation seiner Wahl spenden. Welche das sein wird, teilt jede und jeder Mitspielende zuvor mit. Das kann manchmal dazu führen, dass man sehr gerne beim Heads-up den Straight Flush wirft und dem Bluffer den Sieg lässt, weil dessen Spendenorganisation so viel reizvoller ist als die eigene. Danach gehen wir alle mit einem Hochgefühl auseinander. Wir haben schöne Stunden miteinander verbracht, es gab nicht wirklich Verlierer in der Runde und vor allem sind wir vollgepumpt mit Glückshormonen. Dadurch brauchen wir auch weniger Alkohol, um uns an Silvester in Stimmung zu bringen - der Sekt zum Anstoßen ist ein Bio-Sekt mit Naturkorken und ohne Alu-Mütze. „Und was ist mit der Tradition?“, ruft jetzt jemand während des Lesens. „Wir müssen doch die bösen Geister vertreiben, bevor das neue Jahr geboren wird.“ Die wahren wir! Dazu reicht eine Rakete, je nach Boshaftigkeit derer vielleicht schon eine Packung funkelnder Wunderkerzen. Mit denen verscheucht man auch nicht den Dachs, der an Neujahr im Hinterhof die Mülltonne um die übrig gebliebenen Reste des wieder einmal viel zu üppigen Silvesterbuffets erleichtert. Wildtiere scheren sich nicht um die unsinnigen rechtlichen Hürden des Containerns. Vielleicht schaffen wir es ja dieses Mal, dass jeder nur wirklich das zum Buffet beisteuert, was man selbst verzehren kann. Aber ich möchte jetzt nicht über den Unsinn des Wegwerfens von Lebensmitteln oder über das Verbot, selbige aus dem Müll zu fischen, zu lamentieren anfangen. Lasst uns feiern! Prost Neujahr!

NUR NOCH SCHNELL DIE WELT RETTEN

Ein neues Jahr bringt gute Vorsätze! Ich möchte weniger Fleisch essen. Das ist als Veganer nicht einfach, aber irgendwie muss ich ja die Welt retten. Auch möchte ich weniger fliegen. Es ist erst neun Jahre her, dass ich zuletzt in den Urlaub flog. Das geht besser! Neujahr 2020 will ich das letzte Mal im Jahr 2010 geflogen sein. Weniger Plastikmüll produzieren will ich! Solange die Folie meines gelben Sacks noch leichter ist als der Inhalt, gebe ich mich nicht zufrieden. Dieses Jahr möchte ich ihn leer zur Abholung auf die Straße stellen können. Außerdem möchte ich ökologischer essen, lokaler einkaufen, regionaler sowieso – am besten nur noch Papaya und Ananas aus Ockstadt.

Das Öko-Leben ist gar nicht einfach. Es steckt Leidensdruck dahinter. Vielleicht ist es die Dichterseele, die neben meinem grünen Herzen in mir steckt, die den Weltschmerz à la Jean Paul auch auf mein nachhaltiges Leben überträgt. Das Wort gibt es übrigens nur in Deutschland. Wenn der Amerikaner das Gefühl beschreiben möchte, unzulänglich in Anbetracht der Probleme der Welt zu sein, benutzt er es ebenso. „I am suffering from Weltschmerz!" So hört sich das dann wohl an. Obwohl er in Anbetracht des amerikanischen Beitrags zum globalen Umweltschutz nicht allzu groß sein kann. Nehmen wir lieber die Dänen. Die haben auch kein eigenes Wort dafür. „Jeg har Weltschmerz!", sagt der Däne also. Man kann schon an ihnen verzweifeln, an den Problemen (nicht den

Dänen), die sich der moderne Öko auf die Agenda geschrieben hat, allein durch sein eigenes Konsumverhalten ändern zu wollen. Wo anfangen? Wo enden? Inzwischen geistern Wörter wie Ökorexie durch die Arztpraxen der Nation: Das Krankheitsbild von Menschen, die so sehr darauf bedacht sind, das ökologisch Richtige zu tun, dass sie guten Gewissens kaum mehr etwas essen können. Menschen, die Krankenhauskost verweigern, weil alles in Plastik verpackt ist. Solche, die für ihr Silvesterdessert vorher errechnen, ob das Panna Cotta zum Dessert aus Rahm sein darf oder doch besser aus Cashew-Creme. Doch war da nicht was mit unmenschlichen Erntebedingungen? Sind Cashew-Kerne mit Fair-Trade-Label tragbar? Andererseits kommt die Milch von um die Ecke und verursacht weniger CO2 beim Transport als die Steinfrucht aus Vietnam. Jedoch emittiert die Milchkuh aus Bio-Wiesenhaltung mehr klimaschädliches Methan als die Stall-Kuh. Ist das dann besser als Freilandhaltung und tragbar, solange es ausreichend Auslauf gibt? Wer nicht fragt, bleibt dumm! Und wer keine Antwort hat, hungrig! Am Ende gibt es gar kein Panna Cotta! Sondern Eiswürfel! Aus lokalem Regenwasser. Nur leider nicht abgekocht – weil der Stromanbieter noch nicht auf Ökostrom umgestellt war. Nun gibt es Krankenhauskost zu Neujahr. Natürlich Panna Cotta. Aus konventioneller Milch! Im Plastikbecher!

Ich nehme meine persönliche Mission ernst. So sehr, dass ich weiß, dass etwas Gelassenheit die Weltrettung nicht korrumpiert. Askese ist selten von Dauer. Ich kann Veganer sein, auch wenn ich mal „nur“ vegetarisch esse. Ich bleibe Plastikmüllsparer, selbst wenn ich mir mal unterwegs ein Wasser in PET kaufen muss, weil ich Regenwasser eben blöd finde. Das nächste Mal bin ich halt wieder organisierter. Ein Christ hört schließlich auch nicht auf Christ zu sein, wenn er mal gegen das zehnte Gebot verstößt. Es sei denn vielleicht das Begehren konzentriert sich auf die Frau des Pfarrers, aber das ist ein anderes Thema.

Prost Neujahr! Genießt das Leben. Ihr habt nur das eine – und auch nur einen Planeten!

EIN
VUL-
KAN?
WIE
TOLL!

Demletzt hatte ich mit einem Bekannten über „2084 - Noras Welt“ von Jostein Gaarder gesprochen. Der Roman erlaubt uns einen Blick in die nahe Zukunft: Der Anstieg des Meeresspiegels durch das Schmelzen der Eisflächen hat viel Land geraubt. Der hohe Kohlendioxydgehalt in der Luft, verursacht durch unseren Energieverbrauch, hat die Meere übersäuert und die Meeresfauna nahezu ausgelöscht. Der Temperaturanstieg durch das Klimagas hat die Dauerfrostböden der Arktis, Antarktis und den Hochgebirgen schmelzen lassen und zusätzlich den Klimakiller Methan aus den Böden gelöst. Das was der menschliche Landraub vom Regenwald übrig gelassen hat, verwandelt sich in gigantische Savannen. Die Folgen sind ein massives Artensterben in Fauna und Flora und eine bis dahin ungekannte Flüchtlingswelle: Klimaflüchtlinge! Mein Bekannter schwieg kurz und erwiderte: „Wenn der Vulkan unter dem Yellowstone-Nationalpark in den USA ausbricht, setzt er viel mehr Kohlendioxyd frei, als die Menschheit es tut.“ Das folgende Schweigen war dann auf meiner Seite, und ich musste meine Antwort vertagen.

Im Internet las ich dann, dass täglich etwa 45 Kilotonnen Kohlendioxid aus dessen heißen Quellen und Schlammtöpfen entweichen, das sind knapp 16,5 Megatonnen pro Jahr. Das hört sich viel an, aber die Menschheit setzt jährlich ca. 41 Gigatonnen Kohlendioxid frei. Wenn der Supervulkan jedoch ausbräche, setzte er 100 Gigatonnen frei, also eine menschliche Dreijahresproduktion. Drei ist übrigens eine gute Zahl, denn 2017 erneuerten 60 renommierte Wissenschaftler im Magazin „Nature" ihre Prognose, dass wir nur noch bis 2020, also aus heutiger Sicht ein Jahr, Zeit haben, um eine unumkehrbare Zerstörung der Umwelt aufzuhalten. Danach sei die Erderwärmung nicht mehr aufzuhalten, denn das Abschmelzen der Eismassen an den Polen würde dann zu einer geringeren Reflektion des Sonnenlichts und Auslösung einer eigenen Erderwärmung führen, die wir nicht mehr beeinflussen können. Das hatten sie schon vor 15 Jahren vorausgesagt. Seit dem haben wir es immerhin geschafft, den Ausstoß konstant zu halten. Wir müssen ihn jedoch senken, und da kommen nicht nur die Politik und die Industrie ins Spiel, sondern jeder Einzelne. Der CO2-Ausstoß pro Jahr liegt rechnerisch bei 5,5 Tonnen pro Erdenbürger, laut Umweltbundesamt aber bei 11,6 Tonnen pro Bundesbürger. Wie hoch der individuelle ist, kann man über den CO2-Rechner unter uba.co2-rechner.de herausfinden.

Wenn man bedenkt, dass der Yellowstone aller Wahrscheinlichkeit nach in 60.000 Jahren ausbricht, bedürfte es lediglich der Bevölkerung des Wetteraukreises, die ihren CO2-Ausstoß auf die weltweite Pro-Kopf-Jahres-Emission senkte, um das bis dahin auszugleichen. Wie? Weniger fliegen, mehr den Zug oder Fernbus nehmen. Weniger das Auto nutzen, mehr Radfahren und Laufen. Weniger Fleisch essen, mehr lokales und saisonales Obst-

und Gemüse. Weniger Müll produzieren und mehr unverpackt einkaufen. Ich habe dort begonnen, wo es kaum spürbar war: Suchmaschine auf Ecosia gewechselt, gebrauchten statt neuen Rechner bei Refurbed gekauft, denn beide pflanzen von ihren Einnahmen Bäume, und Bäume binden CO2. Das ist schon einmal ein guter Anfang. Und die Antwort an meinen Bekannten? „Im Jahr 2084 haben wir noch 59.933 Jahre Zeit, bis der Vulkan eruptiert, aber wir haben es jetzt in der Hand, wie hoch die Chance ist, dass die Menschheit das überhaupt erlebt. Der Plan: Die Wetterau kümmert sich um den Vulkan und ihr anderen bitte um den Rest.“ Deal?

EINE KLEINE BITTE

Gute Rezensionen sind für unabhängige Autor:innen überlebenswichtig, um mit den großen Verlagen und ihren riesigen Werbebudgets konkurrieren zu können. Oftmals rezensieren zudem Menschen häufiger, die nicht im Werk fanden, was sie gesucht haben. Das verzerrt die Bewertung auf Amazon und führt zu einem weiteren Wettbewerbsnachteil. Du kannst mir helfen. Bitte klicke auf den nachfolgenden Link und hinterlasse ein paar Sterne für mein Buch. Ebenso freue ich mich natürlich, wenn du ein nettes Sätzchen dazu hinterlässt. Ich danke dir vielmals, dass du mir hilfst, mein Buch auf Amazon sichtbar bleiben zu lassen.

NEUE KOLUMNEN

Interessiert daran, die Kolumnen alle zwei Wochen am Tag der Veröffentlichung bereits per E-Mail gesandt zu bekommen? Das geht kostenlos und mit wenigen Klicks über meinen Newsletter:

BIBLIOGRAFIE

ARNOLD HÄLT NACH

Seit dem Jahr 2017 schreibt Poetry-Slammer und Autor Andreas Arnold seine zweiwöchig erscheinende Kolumne "Arnold hält nach". Sie erscheint in der Wetterauer Zeitung sowie in der Frankfurter Neuen Presse und bringt seitdem erfolgreich und unterhaltsam zum Schmunzeln und Nachdenken. Die Kolumnen sind als Sammelbände erhältlich.

Band 1: Die 50 besten Beiträge der berüchtigten Nachhaltigkeitskolumne, Jahre 2017 - 2018

Band 2: Die nächsten 50 besten Beiträge der berüchtigten Nachhaltigkeitskolumne, Jahre 2019 - 2020

Band 3: Weitere 50 beste Beiträge der berüchtigten Nachhaltigkeitskolumne, Jahre 2021 - 2022

POETRY SLAM WETTERAU - DAS BUCH

Der "Poetry Slam zum Gedenken" am 27. Januar war großartig, bewegend. "Kann man das irgendwo nachlesen?", fragte das Publikum im Anschluss. Ja. In diesem Buch. Die Anthologie mit Texten zu Toleranz, Respekt und Anerkennung gibt es auch als E-Book. 41 Texte von 26 Autor:innen. Texte von der Poetry-Slam-Bühne. Zum Erinnern und Neuentdecken. Digital, damit Null Gramm schwer. Das kann man überall bei sich haben und auch prima verschenken - als eBook ganz körperlos.

POETRY SLAM WETTERAU – DAS ZWEITE BUCH

Die Menschen sterben aus. Wie die Dinosaurier. Aber niemand will die Generation sein, die das Aussterben erlebt. Um die Welt lebenswert zu erhalten, gibt es mutige Taten, kluge Worte... und, davon berichtend, jetzt dieses Buch. Bühnenerfahrene Wetterauer Poetry Slammer versammeln ihre Texte rund um Natur, Umweltschutz und Nachhaltigkeit. Zum Nacherleben, Rückerinnern, Zukunftsdenken.

FIONRIRS REISE

Fionrir ist ein junger Drache. Auf seinen siebten Geburtstag freut er sich, wie jeder kleine Drache, ganz besonders. Denn danach wird er wie ein Erwachsener behandelt werden. Was ihm dann aber zum Geschenk gemacht wird, verändert seine Welt. Ein Fantasy-Abenteuer für Zuhörer ab acht und Selbstleser ab zehn Jahren, ebenso für Erwachsene jeden Alters, die ihren Kindern gerne vorlesen oder die selbst Freude an einer Fabel von Drachen, Menschen und anderen Tieren haben.

Mit 27 zauberhaften s/w-Illustrationen von Norman Heiskel.

Fionrirs Reise geht weiter

Wenige Monate sind seit Fionrirs erster großen Reise vergangen. Begleitet von seiner Cousine Lida, einer Drachin mit ganz besonderen Fähigkeiten, bricht er zu seiner zweiten Reise auf. Dass ein ganzer Tross grimmiger Nordmänner angeführt von der schrecklichen Nordfrau Frieda den Auftrag hat, beide zu fangen, weiß er nicht. Auch nicht, dass der Auftrag von gefürchteten altbekannten Widersachern kommt. Zum Glück ist da seine neu gewonnene Freundin, Prinzessin Quirina, die ihm mutig zu Hilfe eilt. Nicht jeder ist, was er zu sein scheint, und auch Fio ahnt erst langsam, welche Kräfte in ihm erwachen. Die Reise ist noch lange nicht zu Ende.

Mit 25 liebevollen Illustrationen in schwarz-weiß.

FIONRIRS REISE INS TAL DER DRACHEN

Der jahrhundertealte Frieden zwischen Menschen und Drachen gerät ins Wanken, weil... ja, warum eigentlich? In einer unheilvollen Mischung aus Halbwissen, Angst und Intrigen rüsten Menschen und Drachen gegeneinander auf. Ist die Ereignislawine, die den Pakt zwischen ihnen gefährdet, noch aufzuhalten? Der junge Drache Fionrir ist kein Kind mehr und hat beeindruckende Drachenfähigkeiten entwickelt. Ist es an ihm, zusammen mit der jungen Thronfolgerin Quirina den Frieden zu sichern?

Mit 30 Schwarz-Weiß-Zeichnungen von Norman Heiskel.

FIONRIRS KLEINE REISEN

Fionrirs Abenteuer füllen drei Bücher, doch seine Geschichten sind noch lange nicht alle erzählt. Inzwischen sind Fionrir und Prinzessin Quirina keine Kinder mehr. Sie und ihre Freunde treten bekannten und unbekannten Widersachern entgegen, treffen alte und neue Weggefährten, bestehen zahlreiche Abenteuer und retten am Ende sogar ein ganzes Königreich.

14 Kurzgeschichten um den Drachen Fionrir von Andreas Arnold, 14 Illustrationen von Norman Heiskel und das Musikalbum zu den Geschichten mit 14 Liedern vom zweifachen Gewinner des Deutschen Rock & Pop Preis Yannick Di Mari und Regina Beatrix Rumpel.

Printed in Poland
by Amazon Fulfillment
Poland Sp. z o.o., Wrocław

21132850R00127